广播电视专业教材

电视节目编导教程

刘　坚　著

中国传媒大学出版社

目　　录

第一章　电视新闻与纪实节目的取材规律

第一节　取材的真实性规律

利用电视媒介对新闻事件进行报道，从根本上属于新闻的范畴，要遵守新闻的最基本规律——真实性规律。要知道，真实是新闻的生命。真实性作为新闻的本质属性，是指新闻报道反映客观事实的准确度，它是新闻报道的基本原则。新闻对真实性的要求不仅反映在新闻所报道的内容上，同时也反映在新闻报道的表达手法上。

一、从内容层面看新闻的真实性

1. 微观真实

从内容层面看，新闻的真实性要求新闻要反映真实的时间、真实的空间里，发生的真人、真事，我们所追求的这种真实的时间、真实的空间里发生的真人真事，新闻学上称之为微观真实。

微观真实要求新闻事实完全符合客观实际，决不允许记者进行“合理想像”。在美国普利策奖历史上曾经出现过一次重大的失实报道。美国一家颇有影响的报刊登出了一篇反映美国社会毒品泛滥的新闻专稿，女记者按照文学虚构的方法编造了一位八岁男孩由于其母是瘾君子，从小染上毒瘾的故事。故事本身的悲剧色彩深深触动了美国公众的心，同时也打动了普利策奖的评委。然而事过不久，真相大白，女记者的普利策奖被收回，她的行为成了美国新闻界的耻辱。这篇失实报道也给报社带来了极大的负面影响。因此可以说，只要是新闻，内容层面的事实真实永远是第一位的。

图 1—1　洛杉矶时报

坚持新闻事实的真实在今天显得尤为重要。随着计算机技术的进步，数码影像已经越来越广泛地渗透到新闻传播领域，数码相机、笔记本电脑与手机已经是现代摄影记者的标准装备，这极大地提高了新闻图片传输速度，几分钟之内就可以把拍好的图片传回报社，新闻时效性得到了空前提高。然而凡事都有利有弊，方便快速是数码技术的优势，但也带来了一些弊端，比如，用一些图像处理软件可以很方便地制造出虚拟时间和空间中发生的人和事，以假乱真。2003 年的 4 月 4 日，正当报道海湾战争的新闻大战如火如荼的时候，媒介本身也出现了一个爆炸性的丑闻，一个有着 25 年新闻摄影经历的资深记者布莱恩沃斯基被《洛杉矶时报》解雇了，原因是一张经过电脑合成的虚假新闻照片。摄影记者将士兵用枪指向平民的影像和抱着孩子的男人的影像合成在一张照片里，未明真相的图片编辑一度被照片所蕴涵的影像力量所震撼，然而纸包不住火，编辑的兴奋没有持续很久，事实便被揭露。洛杉矶时报的图片编辑对记者的做法表示愤慨，“他的行为完全不能接受，他损害了读者对我们的信任。如果我们的读者不再信任我们，那我们将一无所有。”类似的情况也可能会出现在电视新闻领域，因为数字技术已经极大地满足了人们追求更具冲击力影像的欲望。

图 1—2　阿甘正传

仅仅在电影中，美国的历史被戏剧性的篡改了。这种篡改如发生在新闻报道领域将是一场历史的悲剧。因为今天的新闻就是明天的历史。

由此可见，建立在高科技基础上的后现代拼贴使新闻的真实性受到了前所未有的挑战。为了维护新闻的尊严，记者更要坚守自己的职业良心。

2. 宏观真实

在坚持微观真实的基础上，我们要努力做到对新闻真实性的总体把握，这种总体把握也就是我们常说的宏观真实。在新闻摄影和摄像中，记者常常出现这样的失误，就是只注重了新闻真实性对事实细节的要求，却忽略了从总体上对新闻真实性的把握。“摄影记者会捕捉到政敌之间在一秒钟里只会有百分之一机会的微笑镜头，而第二天的报纸上，读者就为他们之间的友谊所迷惑。”此时的细节就掩盖了事实的真相。

1988 年第九期《中国记者》杂志上发表了一篇文章《失真》，作者孙佑文同志针对当年全国十佳新闻摄影记者评选活动中暴露的问题指出，这次十佳评选的某些参赛图片乃至整个评选活动是“用真实的材料写出的失实报道”。原因在于参赛的新闻摄影图片尽管从个别现象和个别人、事、物来看是真实的，但从宏观上看，却未能本质地反映当年中国的主流趋势。《胖连长和他的连队》的开始——人物的出场。在大家看的过程

图 1—3　胖连长和他的连队

中，大家可能笑了三次，第一次笑是听到解说“在这个军营大院里，要找一个叫许文峰的人非常容易，爱打听的只要提到要找那个胖连长，都知道是许文峰，不愿意问的，也可以自个儿瞧，那个身高一米六一，体重一百六十一斤，腰围和裤长都是二尺九的便是其人喽。”第二次笑是看到广角镜头拍摄的胖连长面部大特写。第三次笑是看到胖连长在给战士们做完过障碍示范后，一纵身坐到了障碍上，一个与连长身份不符的动作透露出主人公个性的可爱。一般在做人物片时，第一步工作就是要深入了解拍摄对象个性特点，以形成一个准确的第一印象，第二步工作就是恰当选择电视表现手法把这个第一印象传递给观众，使他产生情感共鸣。在采访中，《胖连长和他的连队》的编导准确地把握住了胖连长的个性，并在节目的开始试图用三种方法描绘胖连长的个性。解说词的精彩毋庸置疑，现场抓拍到的过障碍也令人忍俊不禁，但大特写的拍摄却显得摆拍痕迹过重。下面请大家看两张反映第二次世界大战中盟军在诺曼底登陆的新闻照片。

图 1—4

第一张照片的文字说明是“登陆第一天惨烈的抢滩战。盟军士兵正在从小型登陆艇上下水，迎头碰上德国守军的密集扫射，伤亡巨大。”拍摄这张照片时，摄影记者站在登陆艇上拍摄正在冲向海滩的盟军士兵。从技术角度看，此张照片构图讲究，前景中登陆艇的船体形成了自然的斜向线条，有力地结构了这个远景画面，同时引导读者的视线关注照片的主体——冲向海滩的士兵们，画面深处是战云弥漫的德军滩头阵地。

第二张照片的文字说明是“这名士兵正冒着隆隆炮火向诺曼底海岸游来。这张照片刚拍完，士兵便中弹牺牲了。”拍摄这张照片时，摄影记者罗伯特·卡帕是与士兵一同冲上了海滩。从技术角度来看，此张照片不能算作成功，整个影像是模糊的，没有一处清晰的焦点。但是这张照片却是摄影史上反映二战最成功的照片。

图 1－5

图 1－6

产生这种结果的原因是什么呢？让我们来揣摩一下战地摄影记者在拍摄照片时的心理状态以及在这种状态下创作的作品对观众可能产生的心理影响。看过美国影片《拯救大兵瑞恩》的同学，恐怕都难以忘记影片开始那一段惨烈的抢滩登陆战。任何人面对死亡的威胁都会产生恐惧的心理，身经百战的士兵如此，摄影记者也不例外，勇士和懦夫的区别在于，他的理智能够战胜恐惧。中国著名的战地摄影记者唐师曾说，面对死亡，他比别人更害怕，但是就像人喝了酒一样，人人都知道酒精有害，但是喝了一扎两扎之后，你就不管它有害没害了。

与士兵一起冒着枪林弹雨冲上诺曼底海滩的卡帕，此时最大的愿望是活下来，然后才是拍照。他来不及对照相机进行必要的技术调整，头也不抬就按下了快门。然而这种模糊的影像却歪打正着，反而准确再现了当年诺曼底登陆战场的气氛。

如果说观看罗伯特·卡帕诺曼底登陆的照片能够使我们揣摩出摄影记者拍摄时的心理状态的话，那么另外一张照片就无法使观者产生这种强烈的心理共鸣，为什么会产生这种观赏心理上的差别呢？让我们再进一步分析一下这两张照片拍摄方法的差别。通过比较会发现这两张照片另外一点重要差别还在于，摄影记者对拍摄位置的选择，这种拍摄位置的差别进而影响到观察事物角度的差别。如果说第一张照片采用的是旁观者视点的话，那么卡帕的照片就代表了参与者视点。这种贴近战场的参与者视点给观众的视觉冲击力以及所产生的心灵震撼远比旁观者视点强烈。对此，罗伯特·卡帕一语中的：如果你拍的照片不够好，那是因为你离炮火不够近。而这句名言恰恰反映出电视记者采访的特点——取材的现场性。

图 1－7

图 1－8

第二节 取材的现场性规律

从空间角度讲，电视新闻和纪实节目都强调取材的现场性。现场是第一位的，一切都离不开现场，现场发生的事件，现场所做的报道。离开了现场，摄影记者注定无所作为。新华社优秀摄影记者唐师曾就信奉这样一种观点：我来了，我看见了，我赢了！而这句话恰恰体现出摄影记者现场意识的内涵。

一、“我在场”意识

记者必须想尽一切办法深入到现场去。尽管现场充满了危险，充满了挑战，但同样充满了魅力，成为无数电视记者眼中的圣地。为了它，很多记者甚至付出了宝贵的生命。法国真实电影节的开幕式上曾经放映过这样一段影片，一位摄影师在拍摄跳伞比赛时，降落伞由于出现故障，无法打开。摄影师面对这种局面，没有慌乱，而是沉着地记录下自己生命中这最后的时刻。他的生命在胶片中获得了永存。

1985年秋天，《新闻联播》中播出了一条让人过目难忘的电视新闻，报道泰国发生的一次军事政变。只见屏幕上一辆辆军车驶过，坦克上的士兵在扫射，背景是泰国王宫，突然画面一抖，慢慢地歪倒在地上，但摄像机仍在转动，我们看到歪倒的画面中士兵在冲击。为了拍摄到军事政变的真实现场，美国全国广播公司驻曼谷首席记者尼尔戴维斯在报道中以身殉职。关于电视的现场报道，他曾说过："我总是设法到最前线。如果你不在最前线，你就无法抓拍到士兵内心世界的真实反映。如果你站在战士后面100米外的地方，试图用望远镜头拍摄，你根本无法看到士兵和他们的战友，甚至包括他们的敌人在枪林弹雨中倒下时面部流露出的真实感情。"

图1-9　尼尔戴维斯

二、把握住现场

对现场把握的关键主要是在新闻事件发生前的等待过程和新闻事件发生时的拍摄过程。这里我们重点探讨一下在新闻事件发生前记者的等待，而对新闻事件发生时的拍摄过程的把握，我们将在取材的同步性规律中做深入探讨。

现在请大家看纪实摄影家亨利·卡蒂埃·布勒松的一张照片《巴黎圣拉萨车站后方》。这张照片的奥妙在哪里呢?显然不是因为水中的倒影使这张照片成为布勒松的代表作，我们的学生拍摄过很多类似的照片。仔细观察这张照片后我们发现，照片左边围墙上的海报有一个芭蕾舞演员腾空跃起的动作，与右边一个戴礼帽绅士腾空跃起的动作相似而方向相反。这恰恰是此照片的精彩之处。这张照片恰恰体现了纪实摄影的多义性表达，请同学们思考一下照片的内涵。

图1—10 《巴黎圣拉萨车站后方》

现在让我们来设想一下摄影师的创作过程，一种可能是摄影师偶然拍摄到一个绅士跳过积水的动作，洗出照片后发现了围墙上的芭蕾舞演员，才意识到这是张佳作。另一种可能是摄影师先发现了围墙上的海报，此时行人跨过积水的动作一下激发了摄影师的创作灵感，他意识到这会是一个出佳作的现场空间，然后在此等待他期望的人物出现。

实际情况是怎样的呢？让我们看看布勒松附在自己很多本摄影集扉页上的一句话 ，这是 Andre Breton 的小说《ENTRETIENS》里的一句话："由于他没有跟任何人有约，他当然不是在等人，可是他既然摆出这种来者不拒、有求必应的态度，便意味着他是在守候时机了。我该怎么说才好呢？他让自己等着机会来临，等某些事发生，等某些人物闯入。"从布勒松对这句话的推崇，我们不难体会出现场等待对他摄影创作的意义。

1."等"什么

"等"是一种期待，是对具有新闻价值的人物和动作的一种期待。在新闻事件可能发生的现场空间，记者等待具有新闻价值的人物和动作的出现，这是新闻事实中的已知因素。记者的等待不会是盲目的，他要在新闻人物和事件可能出现的地方等待，但是这些具有新闻价值的人物和动作怎样出现，记者是不知道的，这是新闻事实中的未知因素。而恰恰是因为这些未知因素的存在使记者的等待充满了悬念。让我们看看北京电视台的一条电视新闻《京通快速路车祸》。

图 1－11　京通快速路车祸

这条电视新闻就是记者等待的结果。北京电视台交通新闻的记者发现刚刚建好的京通快速路两边的护栏被居民扒开了很多缺口，大家为了方便，不顾危险横穿快速路。记者为了反映快速路存在的安全隐患，来到了现场等待着，突然悲剧发生了，一个东北的务工人员在横穿快速路时，被飞驰而来的汽车撞得腾空而起，当场丧命。根据交通法规，肇事司机不负任何责任。这条突发新闻获得了当年的中国新闻奖，记者在现场等待时恐怕也难以预料到这种结果。

2. 怎样“等”

在新闻事件可能发生的现场等待，这种等待的结果可能充满了悬念。但是大多数情况下，等待的过程是令人难以忍受的，记者可能要克服常人所无法想像的困难。

图 1－12　潜伏行动

《潜伏行动》是海南武警总队的电视记者们拍摄的一部优秀纪录片，该片真实地记录了武警战士的一次围捕行动。参与拍摄的记者跟随战士们经过长途奔波来到了黑帮分子经常出没的地方，为了将匪首一举抓获，他们和武警战士们潜伏了一天一宿，等待的过程中，记者忍受住饥渴困倦和蚊虫的侵袭，最后终于将武警战士勇擒匪首的过程完整记录在镜头中。在等待的过程中，记者必须积极发挥主观能动性，克服长时间相对静止的事态对自己采访心理带来的负面影响，思考即将发生的新闻事件的来龙去脉和前因后果，以应对可能出现的各种突发情况。

美国前总统克林顿访华期间，上海电视台播出了一条新闻《克林顿过家门而不入》。记者郇志豪得悉克林顿总统要到上海的一家网吧做私人访问，他提前赶到那里做前期采访。由于是私人性质的访问，白宫方面拒绝记者的采访，后经反复交涉，新闻官员只允许上海电视台派一位记者进去采访。对于这样一条独家报道，记者完全可以采用守株待兔的方法，轻松完成采访任务，但是郇志豪没有这样进行例行采访。在等待克林顿的过程中，他问准备接待克林顿的少年宫的小朋友能否进入白宫网站，当得到肯定的回答后，他要求几个学生为克林顿调出白宫网站，看看总统先生的反应。由此我们可以看出，记者在等待新闻人物出现的过程中，已经对即将发生的新闻事件成竹在胸。“我在场”并把握现场是记者的职责。而要把握现场，记者还要充分掌握电视新闻同步性取材的特点。

第三节　取材的同步性规律

从时间角度讲，电视新闻和纪实节目现场取材总是与新闻事件的发生发展同步进行的。可以说记者千方百计赶到现场的等待，正是为了同步把握新闻人物及事件出现时的那一决定性瞬间。

一、决定性瞬间

那么，什么是决定性瞬间呢？

法国纪实摄影家布勒松认为：“生活中发生的每一个事件里，都有一个决定性瞬间，这个瞬间来临时，环境中的元素会排列成最具意义的几何形态，而这个形态也最能显示这桩事件的完整面貌。有时候，这种形态瞬间即逝。因此，当进行的事件中，所有元素都是平衡状态时，摄影家必须抓住这一瞬间。”

仅从这段文字上来看，布勒松对决定性瞬间的诠释更多地注重了照片的形式，但当我们认真读解大师的作品时不难发现，决定性瞬间的真正意义更在于对生活本质的昭示作用，进而能够激发观者的情感，引发其对生活的深层思考。

让我们来共同回顾一个曾经震撼过世界的瞬间：《街头行刑》

时间：1965 年 2 月 1 日，地点：越南西贡

这幅照片记录了南越警察局上尉警官阮隆开枪击毙一个越共嫌疑犯的事件，美联社记者埃迪·亚当斯抓拍到子弹打入犯人头部的那一瞬间，这个瞬间的决定性意义在于它引起美国公众对越战的反思：这场战争值得去打吗？在南越，美国人是在为民主和自由而战吗？正是由于照片对越战本质的深刻揭示，埃迪·亚当斯获得了 1969 年度的普利策新闻摄影奖和世界新闻摄影比赛大奖。

图 1－13

二、瞬间和过程

如果说图片摄影重在对瞬间的捕捉，那么电视则重在对过程的记录。生活中的每一个事件，都有一个发生、发展、高潮和结束的过程。还以《街头行刑》这张照片记录的事件为例，埃迪·亚当斯回忆了南越警察枪杀犯人的过程：“阮隆在动手之前丝毫不露他要枪杀犯人的迹象。当他举起拿着左轮的手臂的时候，我

也举起照相机，可是我仍然不指望他会开枪。”作为摄影记者他只记录了事件的高潮——枪响后的那一瞬间，而当时在场的电视记者则记录了这一事件中警察挥舞手枪威胁嫌犯、举枪、开枪和嫌犯中弹倒地的全过程。生活由一系列的事件过程构成，这里总有一些过程，但绝不是全部，能够反映生活的本质，激发观众的情感，这些过程就是决定性过程。

三、对决定性的把握

对决定性的把握，既在于决定性中蕴涵着本质的力量，又在于决定性中蕴涵着情感的力量。决定性瞬间和过程虽转瞬即逝，却总能引发观者长久的思索。所以图片新闻摄影和电视新闻摄影都强调对决定性的把握。

如在影片《罗马假日》的结尾处那个错过“决定性瞬间”的帕拉奇，情急之下对手持吉它猛揍保镖的公主大喊一声：“再打一下！”令观众捧腹大笑。

可这毕竟是电影。我们总不能在里根总统遇刺的现场硬对枪手辛克利大喊一声再开一枪吧。那么电视记者在里根总统遇刺的现场是怎样做的。请大家思考一下：假如你在事件现场，有哪些重要的事实是必须记录的？

里根遇刺的电视新闻中有这样一个细节，枪响前一个黑人警察正好挡住镜头，我们无法看到里根中枪的瞬间，枪响后那个黑人警察低头就跑，正好闪开了视线，我们看到保镖迅速地将里根推进了黑色防弹轿车，轿车转眼间就消失在街道深处。镜头随着保镖摇向右边，我们看到一群荷枪实弹的保镖正奋力压住刺客。接着我们还看到其他枪击事件的受伤者倒在地上等待救助。记者的现场记录无懈可击。事件发生后不久，美国媒体在评价事件时认为，在混乱的现场只有保镖和记者保持头脑冷静，原因是他们都经过良好的职业训练。良好的职业训练确保了记者在突发事件现场对决定性瞬间的把握，如里根总统遇刺事件的四幅照片清晰地再现了里根在枪响时被击中的瞬间：里根中枪后痛苦的表情，里根被保镖推进汽车，右角的保镖已冲向刺客，左角的保镖拔出了手枪，保镖将刺客降伏，拍摄这一瞬间的摄影记者是萨尔加多，这些照片的销售收入使他在法国香榭丽舍大街买了一栋别墅。

图 1－14

记者良好的职业素养在突发事件现场起到了决定性的作用。记者应该有针对性地训练自己的职业技能，记者的职业技能包括新闻采访技能、新闻摄影技能和新闻写作技能，等等。有关这些技能培养的论述在各种新闻教科书上已经很详细——这里就不再赘述。但是大家很容易忽略这样一个现象，突发事件的现场能够恰当运用采访技能完成报道任务的记者往往是凤毛麟角，下面就结合优秀记者的实践谈谈怎样恰当运用新闻采访技能：

1. 新闻洞察力

新闻洞察力是记者对新闻事实的直觉思维。记者在突发事件采访报道过程中，往往无暇进行有意识的逻辑推理，而必须迅速对新闻事实作出判断，力求一次接触事物的本质。优秀记者往往具有超乎常人的新闻洞察力，如《小平您好》这张照片，它拍摄的是 1984 年国庆 35 周年天安门游行的大学生队伍中，第一次出

图 1－15

现了“小平您好”的标语。拍摄这张照片的是《人民日报》的资深摄影记者王东。“作为《人民日报》的摄影记者，我参加了 1984 年新中国成立 35 周年的采访活动。当时，我的工作地点在天安门前金水桥头，那里放置了一个自制的两米高的台子，我的主要任务是用 1000mm 的长镜头拍天安门城楼上的党和国家领导人。我还带了莱卡相机拍摄受检阅的部队、群众游行队伍，以保证台上台下两不误。当欢呼、跳跃的学生队伍走过来时，突然，欢腾的队伍里出现了大幅横幅标语，上面写着‘小平您好’四个大字，尽管字体并不规整，但还是令人瞩目。顿时，热烈的气氛达到了高潮。我看到这激动人心的场面，立刻按下了快门，但只拍了两张，横幅就消失在人群中了。”“小平您好”的横幅出现只有很短时间，能够记录下这一“决定性瞬间”的记者并不多。《中国青年报》的摄影记者贺延光回忆了拍摄经过：“1984 年国庆阅兵组织极为严密，游行人员一律不准夹带东西，每条标语都经过事先审定。几家权威中央新闻单位摄影记者带着既定任务站在指定位置上，哪支队伍在什么时间经过，打出什么标语，从哪个角度拍摄，都是提前进行精心安排好的。”当时的贺延光只是作为团中央的工作人员陪同日本青年访华团，在劳动人民文化宫门前的临时观礼台上服务。“检阅开始后不久，我听到脑后传来了一阵异样的喧哗声，转头看到在行进的大学生队伍里，突然打出了一幅白布写着黑字的标语，来不及看清上面写着什么，就将相机高举在头顶上，一口气按下了三次快门。”贺延光凭着职业的本能按下了快门，三张照片只有一张成功，贺延光很想在《中国青年报》头版登出，但他拍摄的是一条临时出现的标语，谁也没有把握负起这个责任，经过再三努力，这幅照片只能以普通照片的形式，刊登在四版。了解了这幅照片的编辑背景之后，大家应该明白驱使记者下意识按下快门的是对新事物的敏锐洞察力。

新闻洞察力对采访报道来说是至关重要的，记者对新闻事实的这种直觉判断能力是建立在丰厚的知识积累和长期的新闻采访实践基础上的。

2．新闻应激反应

让我们先来看一张普利策新闻奖的获奖照片，照片的题目是：《突发事件》，作者是《纽约邮报》的摄影记者莱尔塔。这张照片记录了一个在高层建筑上做惊险表演的女人意外摔下的瞬间。通过这张照片我们可以看到面临这一突发事件现场目击者的不同反应，画面右边的两个救援人员目瞪口呆地看着遇险者从眼前摔下而束手无策，那么当时拍下这张照片的摄影记者面对突如其来的瞬间又是怎样的心理状态呢？

图 1－16

让我们来看看记者的回忆："1979 年 6 月我接到一个电话，说有一个女人在高层建筑上做惊险表演，于是我就赶去了。我晚一些时候到达那儿时，这个表演的女人已经登上了建筑最高层，用她的牙齿咬住一根钢索，将自己悬挂起来。我忙给照相机换上了长焦距镜头，通过镜头我能看到她脸上因用力而肌肉拉直的表情。她的身体在空中旋转，突然她失去控制摔了下来，我下意识按动快门。当我给报社回电话时，我说不知道到底拍下了什么影像。"

目瞪口呆和下意识的动作反应都是人们面临出乎意料的紧急情况所引起的高度紧张的情绪状态，心理学把这种情绪状态称作应激。面对同样的紧急情况救援者的束手无策和摄影记者的下意识按动快门形成了鲜明的对比，这种对比反映出当人受到意想不到的刺激而进入应激状态时所产生的反应是完全不同的。当普通人遇到意外情况时，常常是目瞪口呆、不知所措。而受过良好职业训练的记者在突发的新闻事件面前往往能临危不乱、急中生智，使自己的思维更加敏锐清晰，本能地运用采访技能，完成新闻报道任务，这就是我们所说的新闻应激反应。请看世界新闻摄影比赛突发新闻单幅一等奖作品《爪哇岛车祸》。百分之一秒凝结住的影像成为了永恒，可为了这百分之一秒的永恒记者要付出的是百倍的努力。心理学实验表明，人对刺激物产生的动作反应是有选择性的。这种选择性反应需要进行思维判断，作出选择，执行正确的反应动作。在实际生活中，一些人的反应比较迅速，一些人的反应则比较迟缓，除了先天的因素以外，反应时间的长短与技能动作的熟练程度有很大关系。

图 1－17

可以这样说，只有当按快门的动作成为了本能，瞬间的永恒才能成为可能。

影像实验一：《里根遇刺》

请你思考：假如你在里根总统遇刺事件现场，有哪些重要的事实是必须记录的？并写出分析报告。

① 里根遇刺情况
② 刺客被抓
③ 其他人的伤势情况
④ 周围人的反映
⑤ 采访目击者

作品背后的故事一：被改造的照片——数字时代的一念之差

4月1日，对于布莱恩沃斯基来说，并不存在愚人节玩笑。这个有着25年从业经历的摄影记者被《洛杉矶时报》解雇了，原因是一张假照片。

图1－18

布氏显然经验丰富，网上有其大量的作品展示，他获得过“加州新闻摄影协会2001年度摄影师”等诸多奖项。然而，4月以来这个名字带来更多的是争议。

作为时报派往伊拉克前线的摄影记者，布莱恩沃斯基3月30日传回的英军士兵和伊平民的照片，曾令图片编辑激动不已，这是足以竞争普利策奖的作品啊！时报将它刊登在4月1日头版，同时发往下属其他报社，有的还在头版将图片放大到6栏。

《哈特福德报》一位雇员无意间将这张照片在电脑上放大到6倍时，在场的人都惊呼起来：“这是一张合成照片!”——背景有些人是重复的，士兵用枪指向平民的影像和一个抱孩子男人的影像被合成在一张照片里。

仍在前线的布莱恩沃斯基承认，他合成了照片，目的是为了改进构图。

时报立即在其网站上刊登更正，并作出开除布莱恩沃斯基的决定。

互联网上关于这一事件的评论长达几页，它让新闻摄影从业者惊出一身冷汗。人们必须面对这样几个事实：一张久负盛名的报纸，一位兢兢业业的摄影记者，一张数字合成的虚假照片。

布莱恩沃斯基发来了电子邮件：“这是焦虑不安、漫长的一天。我知道，我没有任何开脱的理由，我为自己破坏了洛杉矶时报的名誉而深感不安，这是一份在新闻报道上有着高标准的报纸。同时我也向整个报系，尤其是那些尽职尽责的摄影师、图片编辑、以及我的朋友们，致以深深的歉意我至今也不能给自己的这次行为一个解释，也许是连续几个昼夜的工作让我昏了头。”

同在伊拉克的同事巴特里提说：“他制作了那张照片，他告诉我不会把它发出去，可是又乱了，他还是那样做了，他应该知道后果。面对现在的一切，真不知道他怎么想的，我想他是失控了。”

《洛杉矶时报》的图片编辑卡夫德说：“他的行为完全不能接受，他损害了读者对我们的信任。如果我们的读者不再信任我们，那我们将一无所有。”

“这段经历让人想起来胃疼。”《哈特福德报》图片编辑萨姆迈克盖尔说，那天是他从手中的500张照片中选上了这一张，但最终发现这是一张假照片时，萨姆迈克盖尔的心情可想而知。

淹没在互联网上一片指责或叹息声中的，还有这样一种声音：布莱恩沃斯基仅仅改变了构图，没有改变照片的实质内容。这声音虽然微小但是可怕，这是一部分“制假”者的心态。

来中国人民大学举办讲座的美国《新闻日报》摄影部主任詹姆斯·杜利举过一个例子：一位摄影师为净化照片背景，将原片中墙上的时钟、闪光灯的投影都修掉了。有同学提出，这样并没有改变照片内容。杜利说：“不！它改变了，它改变了新闻事件原发地的场景，它违背了新闻摄影的真实性。”

图片带有观点，这是读者可以接受并且理解的。但是无法想像，在阅读照片的时候，我们还需去辨认图片的各个部分哪些是真的，哪些是经过修饰的。

为什么摄影记者会甘冒职业生涯受损的风险做这件事？因为摄影的遗憾通过数字化的处理似乎变得能够弥补，而面对摄影记者们梦寐以求的诱惑——更具冲击力的影像，布莱恩沃斯基没能经受住考验。这恐怕就是让人们担忧的重要原因。有人说，大概在照片上作假的已经不止这一个人，而被抓到的可能只有这一次。

摄影记者与图片编辑对照片的看法所持的态度是不同的，这是图片编辑存在的原因。

编辑可以更加冷静客观地看待照片，而记者则容易冲动。编辑往往从读者角度出发，代表读者利益；记者则更易倾向自我表达。正是如此，这两者之间的相互制衡保证着新闻摄影的真实性。

但数码影像的出现，使记者对自己照片的编辑权扩大了。从前，他将整卷底片交给图片编辑，编辑能够从中清晰地看到记者拍摄的全过程，然后进行判断选择。但现在，记者可以只选择愿意给编辑看的照片，而将其他的隐去。编辑拿到的已是不完整的资料，倘若记者作假，编辑也无从考证。

所以，数字时代的图片编辑面对的是更为复杂的情况。萨姆迈克盖尔说："我会更加小心，当然，这不仅仅是为了我自己的工作，这关乎我们的读者今后是否还会相信我们说的是真话。"

但假照片不是数字照片诞生之后才有的。纽约《每日新闻报》的图片编辑拉瑞谈到："数字影像的使用在图片编辑过程中产生了许多新的道德问题，这些问题可能是新的，答案却依然来自于我们从前的价值观。"

《每日新闻报》从来不对新闻图片进行修改——如果我们愚弄了读者，我们就毁坏了自己的信誉。为此：

1. 只有那些已经被我们接受，在传统图片制作过程中采用的一些改进方法是被允许的：局部加光减光、调整反差对比度、剪裁。

2. 对照片进行的涂改应该仅仅限于除去照片上的灰尘或是划痕。

3. 对照片的色彩进行调整时必须非常慎重，不能与原来场景的色彩差别太大。若必须加工，一定要在图片说明中明确指出。

有人用一部影片的名字《细细的红线》来形容数字时代摄影记者的道德境遇，对摄影记者的约束与从前相比，这条底线变得非常脆弱，然而这条红线又是任何人不能扯断的，打破了这条底线，新闻摄影将岌岌可危。

总之，诚实可靠地报道新闻是我们的最高准则，没有什么比一个报社的信誉更重要。

巴特里提后来形容在伊拉克看到的前同事布莱恩沃斯基：简直认不出来了，他面容憔悴，几天没有吃饭，36 小时没有入睡，衣服很脏，胡子拉碴，身上散发着一股老山羊的味道。

"你怎么搞的？"

"我完了，希望没人找到我。我来战争前线，是为世界上最

著名的报纸工作，现在我一无所有，没有汽车、相机，一切。”(引自《中国青年报》2003 年 4 月 26 日，星期六)

作品背后的故事二:《罗伯特·卡帕在“D 日”》

随军记者的命运赌注掌握在自己手中，他能把它押在这匹马或那匹马身上，或者在逝去的每分钟里，把它放回自己的口袋里。

罗伯特·卡帕 1944 年 6 月 6 日

1944 年 6 月 6 日凌晨三点，开始供应战前早餐，一艘美国驱逐舰上穿着雪白衬衫的服务人员，彬彬有礼地为人们递送热面包、香肠、鸡蛋和热咖啡，他们显得异乎寻常的热情。但是，大战之前的胃口总是不那么好，许多美味佳肴剩在盘子中。

图 1－19　卡帕

凌晨四点，我们到甲板上集合。实施攻击的船只在起重机上摇曳着，即将被放入水中，2000 人默默地悄然站立，等待东方破晓。此时此刻，他们无论想什么，恐怕都离不开上帝保佑平安。

我也悄然站立，思索着每件细小的事情：绿色的土地，粉红色的云，吃草的羊，一切美好的时光，以及思虑着就在这一天我会拍到许多好照片。我们没有人焦虑不安，也没有人因在漆黑的夜晚站立很久而埋怨。太阳按照正常的时刻升起来了。第一批登陆人员缓缓地进入登陆船只，好像一架缓慢移动的电梯，我们的船被降到海面。大海波涛汹涌，浊浪滔天。在我们的船脱离母舰之前，我们浑身都被打湿了。很明显，艾森豪威尔将军不能率领他的部队浑身上下一点不湿地跨越海峡了。

不多时，许多人开始呕吐。然而，此次进攻是一次既文雅而又需小心谨慎的行动，因此，一些应急治愈呕吐的小纸包分发下来，不久呕吐现象就被止住了。见此，我有一个想法——在今后的日子里，这些士兵不仅要有勇猛的性格，而且也要有相互照顾的责任。

当第一声清晰的枪响传入我们耳朵时，诺曼底海岸仍离我们有数里之遥。我们弯下身蹲在船底的呕吐物中，不再观察船只靠岸的情景。最前面的一艘船上的黑人水手长向我们咧嘴迎笑，并打出了表示胜利的“V”字手势。现在由于光线不足无法拍照，但我还是揭掉了“康泰克斯”相机的防水油布。我们的船终于碰到了法国的海岸，水手长减慢了前进的速度。这里——在突出水面奇形怪状的铁制障碍物之间有一段被浓烟、人群和“鲜红物”覆盖着的狭长的沙滩。

美丽的法国看上去是如此的狼藉和令人厌恶，一门德国大炮发射的炮弹在我们船的四周爆炸开来，完全切断了我们的归途。船上的人也只好蜷缩于水中。对于摄影者来说，以浓烟滚滚的沙滩、阻挡进攻的障碍物和士兵在齐腰深的水中准备射击等情景作为照片的背景，是再理想不过的了。我在跳板上停留片刻，拍下一张反映此次进攻的真实照片。急于下船的水手长误把我停下拍照的行为看成害怕战火犹豫不前，他就在我背上踢了一脚，也正是这一脚，更加使我下定了前进的决心。踏进冰凉的海水，那沙滩离我们仍有百码之远。炮弹在我周围的水面不断掀起冲天的水柱，我艰难地向最后一个障碍物走去。同时，有一个士兵也来到这里，我与他在此躲避了好几分钟。后来，他拿掉枪上的防水器具，开始向冒烟的沙滩漫无目的地射击。这炮声给了他莫大的勇气，他把障碍物留给了我，就向前冲去。现在地方大一些，在此我感到很安全，于是就去拍摄像我一样躲藏的士兵了。

天仍然很早，灰暗的光线对于摄影极为不利，但是，灰暗的海水和灰蒙蒙的天空掩映出在希特勒国防智囊团设计的梦幻般的防御体系下东躲西藏的人们，效果极佳。

我拍完照片，海水也浸透了我的裤子，刺骨冰凉。我竭力想从用来躲避的铁柱后逃走，但子弹总是追着我打。离我55码处，一辆正在燃烧的水陆两用坦克插在水中，这为我提供了另一个隐蔽物。我观察着四周的情况。但由于我拿着一件很沉的雨衣，几乎没有冲过去的希望。于是我扔掉它向坦克走去。我漂浮着身子终于到达那里，并停留片刻拍了不少照片，然后，我憋足了气，准备最后向沙滩冲击。

现在德国人动用了全部的武器装备，炮火密集，子弹纷飞，封锁了通向沙滩的最后25码的路段，因此，我无法找到前进的通道。我只好躲在坦克之后，反复念叨着从西班牙内战中学来的几句话，“Es una cosa muy seria，Es una cosa muy seria（这可不是闹着玩的事）。”

现在开始涨潮了，海水浸透了我上衣口袋里准备给家中的遗书。在别人的帮助下，我终于到达了沙滩。我扑倒在地上，我的嘴唇触到法国的土地，但我没有情欲去吻它。

德国守军仍然有大量的弹药，现在我渴望钻进呆一会再出来，可是事与愿违。我把头侧向旁边，这时我发现我与一名昨天

图 1－20 卡帕和他的最后一张照片

晚上一起玩扑克的海军上尉鼻子对鼻子了。他问我是否知道他看到了什么。我说不知道，但我相信除了我的脑袋之外，他不会看到更多的东西。“我告诉你我看见的一切”，他低声说，“我看见我的母亲在前面的门廊上，晃动着我的保险单。”

圣·劳伦特斯摩在一个时期一定是为度假的法国学校老师提供的单调乏味的便宜的疗养地。现在——1944 年 6 月 6 日，这里是世界上最令人厌恶的地方。由于海水的拍打和战火的恐惧，使我们筋疲力尽。我们平躺在大海与铁丝网之间的一小块潮湿的沙滩上，前面一块地势较高，且有坡度的沙滩为我们遮挡住枪林弹雨，起到一定的保护作用，但是，潮水却又把我们推向带刺的铁丝网，那里是枪弹的聚焦点。我爬到我的朋友劳里的身边，他是爱尔兰的随军牧师，他诅咒的水平比谁都高。他向我吼道：“你毁掉了半个法国！如果你不喜欢这里，为什么还来到这鬼地方？”宗教的力量慰藉了我，我掏出第二台“康泰克斯”相机，连头都没抬就开始拍摄了。

从空中俯瞰地面上的“鲜红物”，并用平视的角度进行拍摄，照片中的前景尽是湿漉漉的靴子和青色的脸，而照片的背景也尽是炮弹的硝烟、燃烧的坦克和沉没的船只。劳里点上一只烟。我从口袋里掏出银酒壶递给了他。他歪着脑袋用嘴饮了一大口。尔后，他把酒壶传给了我的另一个好友杰威斯·麦迪克，他模仿劳里的样子也喝开了，而我的嘴也没有落空。

一发迫击炮弹落到铁丝网与大海之间的地带爆炸了，四飞的弹片击中了一个人的身体。爱尔兰牧师和杰威斯医生首先在“鲜红”的沙滩上站立起来。我抓拍了这个镜头，另一发炮弹在附近又爆炸了，我的眼睛始终不敢离开“康泰克斯”的取景框，匆忙地一张又一张地拍照。半分钟后，相机里的胶卷用完了。我从包中取出一个新卷，在我把这个胶卷安入相机之前，我湿漉漉的颤抖的手已把它弄得不成样子了。

我停顿片刻……但事情反而更糟。

没有装卷的空相机在我手中微微乱颤，此时，产生了一种新的恐惧感。我解下军用铲拼命地挖个坑，铲子碰到沙里的石头，我气极了，把它扔了很远。躺在我周围的人一动也不动。只有那死尸随着波浪翻滚着。头戴印有红十字标记钢盔的军医们从炮火中蜂拥逃出。我不再想了，也没有别的选择。我站起身来向船跑去。从两具尸体之间，我步入大海，海水顿时没入我的颈部。疯狂的惊涛撞击着我的身体，汹涌的骇浪抽打着我的脸。我把相机高高地举过头顶，忽然间，我终于醒悟了，我这是在逃跑。我拼命想返身而归，但就是不能面对沙滩，于是，我只有上船把手晾干了。

我回到船边，这时，最后一批军医刚刚下船，于是我爬上了船舷。当我走到甲板上时，突然感到脚下乱糟一团，仔细一看，原来甲板上到处都是羽毛。“这是怎么回事？是有人在杀鸡吗？”我思考着，不久我看到船的上部都被炸开了，里面储存的羽绒衣狼藉不堪，塞满了破烂散飞的羽毛。船长在“呜呜”大哭，他的助手被炸飞了，尸体七零八落。

我们的船正在倾斜，他们试图在船沉没之前，把船慢慢地开离海岸向母船靠拢。我下到机械仓，先把手晾干，然后把新胶卷装入两台相机。我及时地回到甲板，抢拍了最后一张浓烟弥漫的沙滩照片。接着在露天甲板上，我又拍了一些医务人员给伤员输血的照片。一艘登陆艇驶到眼前，把我们从正在下沉的船上救起。在波涛汹涌的大海上转移重伤员是很困难的工作。对此，我没有拍摄过多的镜头，而是忙着抬担架。这艘登陆艇把我们送到美国驱逐舰上，我们离开它已经六个小时了。驱逐舰上美军第十六集团军的最后一批人员刚刚下船前去参战，但甲板上已满是运回的伤员和尸体了。

这是我最后一次返回海岸的机会了，但我没走。因为那些穿着白衬衫、戴着白手套、凌晨三点为我们供应咖啡的服务人员，正在用白布绑裹尸体，搞得全身都是血。

7天之后，我获悉，我拍摄的“鲜红”的沙滩照片，是在这次登陆战役中拍摄得最好的照片。但是激动不已的暗房工人，在烤干底片时，由于温度过高，致使胶片乳剂膜融化。我共拍了106张照片，仅8张获救。(引自《中国记者》)。

作品背后的故事三：《街头行刑》

这也许是越南战争中最重要的枪击中的一次，并不是因为全世界都听到，而是因为它被人亲眼目睹了。

肯定地说，这是令人震惊和反感的特别的一瞬间，可是正是由于照片被拍摄下来的时间才使它显得如此重要。这天是1965年的2月1日，当时，“特德”攻势正横扫整个越南，这时候，美国已经假定敌人的力量正在趋于枯竭，而且，正如美国指挥官所说的，“结局已经开始可以看得见了。”

这初看起来像一张新闻照片，然而，这张照片有着比新闻照片更严肃得多的思想性，它涉及到一个对于法律思想的严肃反思：警官有无权利在未确认（未审判）的情况下击毙嫌疑犯？按照罪刑法定，这是不允许的，这也是西方各国的公认态度，但在越南，似乎有另一种思想。

在这张照片上，南越警察局上尉警官阮隆开枪击毙一个身穿方格衬衫的嫌疑犯，这幅照片摄下了上尉警官手枪中的子弹打入犯人头部的那一瞬间，地点是在西贡的中国街区，为了拍摄还发生了一点小小的摩擦，阮隆上尉向亚当斯解释说："这个人杀了许多我们的人，也有许多你们的人。"

这不禁令人们问：这场战争值得去打吗？在南越，美国人是在为民主和自由而战吗？……

这幅照片很快就成为越南题材的最著名的一张照片。照片发表后，阮隆被免职，后来移民到美国在弗吉尼亚开了一家比萨饼店，但他却怎么也摆脱不掉狼藉的声名，因为很多人都熟悉他的面孔，所以不断接到电话中的辱骂和恫吓。

"我只凭直觉拍下了这张照片。随便哪个傻瓜都能办到的，"美联社的艾迪·亚当斯说，他更喜欢根据富于诗意的洞察力而慎重拍摄的照片。当"特德"攻势刚展开的时候，前陆战队战地摄影记者亚当斯正在西贡街头闲逛。"阮隆在动手之前丝毫不露他要枪杀犯人的迹象。当他举起拿着左轮的手臂的时候，我也举起照相机，可是我仍然不指望他会开枪。"阮隆后来告诉亚当斯，他妻子责怪他没有把胶卷没收。（引自《黑镜头——西方摄影记者眼中的世界风云》第 89 页 黄利/编译 中国文史出版社）

作品背后的故事四：我拍摄了"9·11"世贸第一次撞击

"9·11"事件中第一架飞机撞击纽约世贸中心大楼的镜头是

朱尔斯·诺迪在纽约利斯本纳和教堂街交界拍到的。当时，这位法国人正在拍摄纽约消防员调查煤气漏气的事故。

在给世人带来大量可怕景象的那天，只有朱尔斯拍摄到了刚刚开始的一刻。

对于这部纪录片来说，那个似乎是普通的镜头，肯定连初步剪接时候也不会用到。

朱尔斯的摄影机一直开着，他赶到接近世贸中心，跟他的弟弟吉迪安一起，捕捉两幢大楼最后一刻的惊人纪录，在纪录片中这一事件简称为“9·11”。

作品背后的故事五：《光荣与梦想》

1990年12月海湾战争爆发，新华社一名年轻摄影记者只身赴海湾战区。

5个多月中，他转战于中东诸国，枪林弹雨，出生入死，向新华社发回大量第一手战地照片，使我们国家及时知道那里发生了什么。

面对他的职业勇气，就是冷面的交战双方领导人也对他露出了笑容。他便是世纪之战的目击者，我国当代杰出的战地新闻记者唐师曾。

第二章　视听思维与语言

概述

看一个电视广告，大家常常思考这两个问题：(1) 这条广告向观众传达了什么信息？(2) 它选择什么来传达这个信息？

镜号	景别	画面内容	音乐动效	
1	固定近景	摇篮中的婴儿荡起、落下	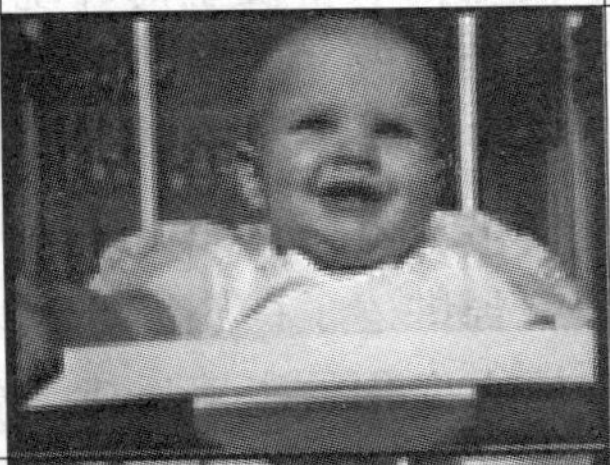	音乐和哭笑声
2	模拟摇篮升降运动	窗外麦当劳标志时隐时现		音乐和哭笑声

3	固定近景	摇篮中的婴儿荡起、落下		音乐和哭笑声
4	固定全景	摇篮作前景拍摄窗外蓝天白云，叠出麦当劳标志和字幕：今天吃早餐了吗？		

图 2－1

麦当劳的电视广告里有这样一些元素：婴儿、摇篮和麦当劳的标志以及他们之间故事发生的环境。随着时间的变化，摇篮升起落下，空间也随之改变，麦当劳的标志时隐时现，婴儿时哭时笑，哭声和着音乐的节奏表达着牙牙学语的婴儿的问候——今天吃早饭了吗？（广告字幕）

这条食品广告讲述了一个婴儿和麦当劳的故事，通过摇篮中婴儿对麦当劳标志变化的表情反应，告诉观众这样一个信息，欢乐美味尽在麦当劳。而这个信息的传达是一系列视听元素组合的结果：婴儿——人物，麦当劳标志——事物，故事发生的环境——叙事时间和空间，婴儿的表情——人物的动作，麦当劳标志时隐时现——事物的动态，字幕、孩子的哭声和音乐。这些视听元素是我们讲述故事，传递信息的载体。

第一节 视听思维元素分析

一、人物元素

中央电视台社教中心有一个纪实栏目《职业生涯》，旨在展现各行各业劳动者的多彩人生。栏目的定位原本十分清楚，可是在创作过程中编导们一度迷失了创作重心，将栏目做成了职业特点介绍，随之而来的是节目内容的雷同现象日趋严重，编导们的创作热情严重受挫。大家不得不思考：日播的《职业生涯》这样办下去生命力有多长？栏目编导所面临的困惑是带有普遍性的。

早在20世纪30年代，英国纪录片导演格里尔逊就提出了这样一个纪录片创作观念，纪录片制作应是“把个别工作人员加以戏剧化的过程”，并“应有义务去启迪人心”。在此观念地指导下，英国纪录片运动在短时间内就达到了成熟的高峰，创作了一批有广泛社会影响的作品，其中尤以巴锡尔·瑞特的《夜邮》最具代表性。《夜邮》以戏剧性的手法表现从事平凡工作的人物，比如影片中记录了一个新手学习如何处理邮包的过程，由于首先强调对人物的描写其次才是工作，最终的影片既幽默地表现了平凡人物的不凡之处，又渲染了平凡工作的戏剧性。有鉴于此，《职业生涯》的编导们如果能把栏目创作重心放在写人上，努力挖掘打上职业烙印的人生经验，与此同时展现富有个人色彩的职业特点，节目内容将会得到极大的拓展。格里尔逊提出的纪录片创作中的“把个别工作人员加以戏剧化的过程”，就是当前新闻和纪实节目创作实践中的“故事化叙事策略”。叙述故

图 2－2 《夜邮》

事的目的还是为了表现人物，而他所强调的“个别工作人员”正是中国纪录片研究者所说的对“个体化对象的表现”。中国电视奖获奖新闻《风雨兼程话京九》是一个概貌性新闻，大家可以设想一下，如果按照老的报道思路去采访的话，这个系列报道很可能成了工地上各种现代化的筑路设备的展示，很难想像这样的新闻能够打动电视观众和评委们的心，现在记者在报道思路上大胆突破，通过讲述京九铁路建设过程中的一个个故事，向观众展现了建设者锐意改革的创新精神和忘我牺牲的高尚情怀，同时也打动了中国电视奖评委们的心。从《东方之子》（CCTV—1）的“浓缩人生精华”到《讲述》（CCTV—10）的《冷暖人生》（凤凰卫视中文台栏目），这些栏目都把镜头对准了一个个有血有肉、有声有色、有时有空、有因有果的个体的人。人物要素作为新闻和纪实节目取材选择性思考的出发点，正在不知不觉中改变着我们电视屏幕的内容构成。

约翰·盖利肖在《小说创作技巧二十讲》中说“如果你是真正的艺术家，你会认识到这一点。你会了解到，读者对一篇小说感兴趣的主要之点不是在于问题的解决，而是在于某个特定的人去解决那个问题。”虽然他的观点是针对小说创作提出的，但是它的理论和实践意义绝不仅仅局限于小说，在所有叙事作品中，这当然也包括非虚构的新闻和纪实节目，人物永远是故事的主角。

图 2－3《植物行走》

今天的影像工作者正用前所未有的人文目光注视着一切生命现象及其所赖以存在的地球，开始思考人与自然的关系。并将自然界的其他生命现象作为拍摄对象，而且经常将这些动物或植物进行故事化处理，甚至是拟人化地讲述它们的命运和际遇。四川电视节获奖节目《植物行走》记录了植物充满悬念的一生，从生命的孕育到诞生、成长到衰亡，循环往复，生生不息，与我们人类是何等的相似，观众在阅读影片的过程中同样能感受到生命本质的力量。

二、事物元素

事物作为纪实节目主要拍摄对象的历史可以追溯到电影发展的早年。20 世纪 20 年代有许多艺术工作者加入了刚刚兴起的电影俱乐部，开始了抽象电影的实验。他们从“电影眼睛派”的纪录片创作中汲取养料，开始拍摄“现实的片段”，“把它用作错综复杂的运动的基础”，并“创造了独自的表现的综合物”。其中的代表人物当属荷兰的纪录电影大师尤里斯·伊文思，他在画家兼纪录影片作者流派的影响下拍摄了《桥》和《雨》两部影片。《桥》以极具表现力的镜头语言，描写了鹿特丹市铁桥复杂的运动。桥面上疾驶的火车、桥下轮机轰鸣的货船、对岸来往的车辆、反复升降的铁桥，伴着滚滚的浓烟和起伏的波浪，构成了“运动、声音、对比、节奏和它们相互关系的实验室”。

图 2－4　《桥》

伊文思在拍摄《桥》的过程中积累了经验，一年后他又着手拍摄了另一部堪称完美的实验作品《雨》。为了描写水城阿姆斯特丹的阵雨,伊文思拍摄了四个月，他以“无以伦比的优美和精确描绘了降雨时的各种景象。开始时是一片宁静，渐渐由静到动，雨落在水洼里、水沟里、运河里、江河里；雨滴落到窗子上、马车上、汽车上、自行车上；雨水从水沟、水管、伞骨雕像的手脚上流下。影片开头朴素无华，逐渐向丰富、复杂发展。我们通过雨中的镜头观赏到大城市的景物。”

如果说伊文思的《雨》像一首小提琴协奏曲，那么罗特曼则用镜头奏响了《柏林——大城市交响乐》。清晨火车进入城市拉开了一天生活的帷幕，铁路沿线上下跳动的电话线，铁路横梁的频闪观测器，铁路的分岔与合拢，接车挂钩的轻微晃动，一组充满生气的镜头构成了影片的开头，独特的是这里没有人的出现，因为导演特别关心的是节奏和表现形式。城市醒了，窗板、百叶窗、窗帘、窗子、门等同时打开，各种机器缓缓开动。人们开始忙碌起来了，观众常常看不到操纵机器的人，仅由打字机和电话机就足以表现办公室的繁忙情景，机器成了影片的主体。应该怎样理解这一时期纪录片创作中人物要素的缺失呢？类似的现象也出现在文学创作中，法国新小说派的代表作家罗伯格里耶这样谈到"物"与"人"的关系："由于我们小说中没有传统定义所说的那种'人物'，于是人们就仓促下结论说在我们的小说中根本看不到人。这是因为没有很好地阅读这些作品。书中的每一页每一行每一个字中都有人。尽管人们在小说中看到许多物，描写得又很细，但首先总是有人的眼光在看，有思想的审视，有情欲在改变着它。"回过头仔细读解《柏林——大城市交响乐》，观众会发现人绝不仅仅像埃里克·巴尔诺所说的只是作为影片"形式的一部分"而存在，铁轨的分岔与合拢，窗外景色从田园走向城市和工业，甚至是办公室段落，无不以人物的主观视点为基础出现在影片中。只不过人的存在以另一种方式被影片表现了，而这种表现方式恰恰反映出现代社会中被全面物化了的人。

图 2－5 《雨》

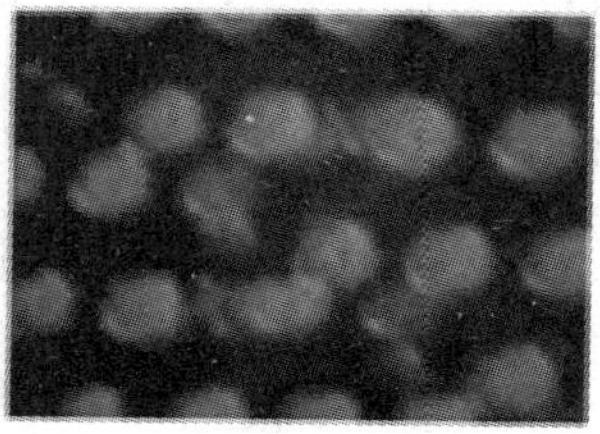

2－6 《柏林—大城市交响乐》

纪录影片《失去平衡的生活》开头的半小时将镜头对准了纯净的蛮荒之地，导演戈德弗莱·雷吉奥想以此“展现杳无人际的地球，广袤无垠的地球，具有自己意识的地球”。正当“观众沉浸在永恒的、宁静的、和平的幻想中”时，突然切入的镜头打破了这种幻想，一辆在沙漠中行驶的、野兽般的、喷吐着浓烟的大型载重卡车以极富冲击力的形式描绘了人类的出现。接着导演又以很多快速镜头表现像机器一样工作着的人们，在片中城市被看做庞大的机器，进而揭示出“现代生活使人类丧失人性”。

在上面对纪录片所反映事物的讨论中，我们主要关注了一些具体的事物，那么一些抽象的事物如理论等是否能被纪录片表现呢？答案是肯定的，越来越多的抽象事物正逐渐进入纪录片工作者的视野。早年的电影工作者就曾尝试将《资本论》搬上银幕，虽然由于当时电影观念的局限而未能实现，但是影像工作者试图突破影像仅能表现具象这一局限的努力始终没有停止过。艾罗尔·莫里斯在编导纪录影片《时间简史》时，遇到了这样的难题：如何用影片阐述纯科学？莫里斯巧妙地使用故事解决了这一问题，他“允许每一个角色为他们自己创造一个世界，创造一出戏剧。”“史蒂芬·霍金的著作尽管是试图写给外行人看的通俗读物，但书中的图解和方程式、辞藻华丽的散文风格以及缺乏故事情节，都意味着拍摄直接的视像是不可能的。最后一种情况，即缺乏故事情节，对于拍电影来说尤其成问题，因为，尽管明显可以使用特技效果，但宇宙从大爆炸到大毁灭的演变过程是一个缺乏人情味的枯燥的故事。或者说，以广袤无垠的宇宙及其发生的偶然事件作为表现对象拍摄一部编年史式的影片，严格说来根本就没有什么故事可言。为了解决这个问题，莫里斯作出了这样的选择：以史蒂芬·霍金的宇宙论和他的生活之间的神秘隐喻关系为基础，构思一个武断的和宿命的世界。尽管《时间简史》使用的是典型的纪录电影表现手法（配以解说的科学图解、采访片段和画外解说），尽管霍金的解说几乎全部是从他自己的著作中浓缩提炼出来的，但影片展现给人们的东西与其说是科学，不如说是科学幻想，是关于运气、机遇和命运的充满梦幻色彩的随笔，莫里斯让史蒂芬·霍金在其中扮演了‘未来人’的角色。”显然在表现纯科学的过程中，最能打动观众的始终还是人的故事。中央电视台军事部的编导们同样用故事化将中国军事史上的理论名著《孙子兵法》搬上了荧幕，正如该片题记中所说：本片试图用五千多年的历史来读解这部五千余字的兵书，五千年的战争故事成了这部兵书的最佳注解。

图 2－7 《孙子兵法》

三、动作元素

亚里士多德认为戏剧的基本要素是动作。原因在于“生活由动作组成，生活的目标是某种动作。”那么，什么是动作呢？最通俗的解释就是人们在做什么，生活中我们常常依靠人们所作所为来判断他们的思想和情感。也就是说，动作常常是人思想和情感的外在表现。电影电视的优势在于具象的记录，较难表现诸如思想和情感这些抽象的事物。因而对动作的表现就成了电影电视用具象反映抽象的一种巧妙手段。我们刚刚看过的麦当劳广告创意出发点就是利用了儿童表达欲求的方式——哭和笑，也就是动作。

影视中所表现的动作来自于生活中的一般动作，但又有所区别，这是一种“戏剧性动作”。戏剧性动作是一种结合着形体运动和话语的活动；它包括对平衡状态的变化的期望、准备和完成。这种动作的本质是“发展和成长”，它所表现出来的强烈意义，能“使我们感动”。请大家看一个电视广告，思考其创意与人物动作的关系。

镜号	景别	画面内容	
		一老妇外出购物前对自己的精心装束感到满意，对着镜子一笑	
		结果化妆镜碎了	
		在公共汽车站等车时	
		她对着路人友好的一笑	

	路人眼镜片碎了
	在公共汽车上对外一笑，车窗碎了。
	她下了电梯走进商场，冲售货员一笑。
	几乎所有的玻璃制品碎了。

		手表也碎了。	
		老妇吃惊了。	
		惟有一块手表完好	
		它是最好的。	

	老妇冲镜头满意的一笑，摄影机镜头碎了。

图 2－8

纪录片中的动作，大可以宏观到整部片子一个动作，小可以微观到一个眼神的闪烁。从宏观角度来说，有些纪录片是以人或动物的一次颇具影响的活动为记录对象的。上海电视台拍摄的纪录片《大动迁》，反映 1993 年上海南北高架道路的动迁工作给上海市民生活带来的根本性变化，南北高架道路的修建是上海市为缓解“交通难”而采取的重大举措，这是一件大好事，也是一件大难事，十万市民将因此从闹市区迁往相对偏远的城乡结合部。在动迁过程中政府与市民所表现出的相互支持、理解和信任，令人感动。摄影师阿兰·卢特拍摄的电视片《角马的一年》，记录了塞伦盖地角马一年一度的横跨非洲大陆的迁徙。1975 年在几乎所有电视发达国家，数以百万计的电视观众坐在电视机前，观看着自然界最令人敬畏的场面。观众们发现他们自己心跳怦然。这样的影片超越了一切语言，深深地吸引了人们，整个世界分享着一次难得的经历。这些影片记录了自然和社会发展进程中轰轰烈烈曲折跌宕的活动，其中所蕴涵的意义也是多方面的，所造成的社会影响也是深远的。

但是还有更多的影片只是将平凡生活中人们的日常动作加以放大，也同样揭示出社会发展中人与人、人与社会等诸方面的关系。在纪录片《疯狂英语》中，我们看到了人们学习英语时的如醉如痴，听到了李阳面对镜头的呐喊：“Crazy nglish! Crazy Work! Crazy Life!”，也悟到了导演张元创作这部纪录片的意图，以学习英语的疯狂动作来反映带有普遍性的社会心理状态。如果说观看《疯狂英语》使我们更深切地了解当前中国社会年轻人的价值取向和心理状态的话，那么北京电视台的纪录片《芝麻酱还得慢慢调》就以点带面地反映了中国社会中正在逐渐显现的老龄化问题，以及社会、家庭和老年人自身在这个过程中所应有的态度。

图 2-9 疯狂英语

图 2-10 芝麻酱还得慢慢调

四、时间元素

动作是发展，是成长，而发展和成长隐含着时间的因素。从时间角度进行的记录可以回溯到纪录片创作的探索阶段，20 世纪 20 年代，法国电影工作者阿贝尔托·卡瓦尔康蒂创立了一个纪录电影流派，乔治·萨杜尔称之为“第三先锋派”，影片《只有时间》的出现标志着这个流派的诞生，这是第一部“都市交响乐”电影。这种电影的情节一般发生在很短的时间内（通常是 24 小时），内容涉及城市生活的方方面面（工作餐饮夜生活等等），以及社会各个阶层的日常活动。后来在直接电影和真实电影的摄制中，创作者更将普通百姓的日常活动加上了特定的时间标志，如克里斯·马盖的《北京的一个星期天》（1958 年），费尔加特的《圣诞节的前一天》等等，生活也因为这种特定性而具有了一种意义。

在时间的流逝中总有那么一些瞬间和过程是具有决定性的，能够反映动作的本质，激发人们的情感。换句话说，这些瞬间和过程决定了人物所执行动作的意义。当然正像记录能使这些瞬间和过程成为永恒一样，动作也在改变着瞬间和过程的发展。《最长的八分钟》记录了在哈尔滨市发生的一次银行抢劫案的全过程。从抢劫事件发生到劫犯被警察制服仅仅八分钟时间，可对在场的银行工作人员来说，这无疑是他们一生中所经历的最漫长的八分钟。在这八分钟的时间里，他们与劫犯斗智斗勇，为公安人员成功制服罪犯赢得了时间。短短的八分钟只是人生中的一个瞬间，银行工作人员在这个瞬间里所表现出来的敬业牺牲精神是值得尊敬的。《376 个小时》是中央电视台《新闻调查》栏目对一次矿井塌方事件的调查报道，报道一反栏目所惯用的调查方式，不重在调查导致塌方的原因，而重在挖掘遇险矿工身陷死地而后生的内心体验。从塌方到获救整整 376 个小时，长达半个月生死未卜的井下生活对于四名矿工来说无疑是梦魇般的经历，对生的希望，对死的恐惧，无时无刻不在折磨着矿工们的神经，而井上政府组织的大力援救和亲人的安慰成了他们活下来的精神支柱。

图 2－11 最长的八分钟

编年史式的纪录片则以时间为线索关注了自然历史以及社会历史，正像纪录片《让历史告诉未来》（中央电视台）的片名那样，探询历史发展规律是为了预测未来。NHK 制作的纪录片《20 世纪》就是以影像为载体编年体式地讲述了 20 世纪世界发展史。中央电视台制作的《新中国》则采用编年体例的口述方式为我们回顾了新中国成立后整个社会的立体发展图景。2003 年春节中央电视台新闻评论部推出了系列特别节目《共和国羊年的记忆》，节目为我们展现了新中国成立后四个特定瞬间——羊年的社会影像，这些影像所蕴积的历史情感不仅感染了电视机前的所有观众，而且更唤起了亲历那些时刻人们的记忆。

五、空间元素

动作的执行依托于空间，同时又极大地改变着空间。空间能够制约动作的发展及结果，反过来动作的发展又不断地改变着空间。探讨人类活动与空间的这种相互作用成了图片与电视摄影所记录的重要内容。

自然地理环境作为一种空间因素能够极大地影响人的生存方式及文明发展。自纪录片诞生的那一日起，探讨这种影响的方式、过程和结果就成了纪录片先驱者们的重要工作。1922 年，罗伯特弗拉哈迪拍摄了纪录片《北方的纳努克》，影片记录了爱斯基摩人纳努克及其家人是如何在北极严寒的天气下生存的，观众通过那些真实生活空间里人们的活动了解他们的生活习俗、情感和价值判断，并进而与他们从内心深处发生共鸣。《北方的纳努克》获得成功后，弗拉哈迪又遵循相同的拍摄原则完成了《摩阿纳》和《亚兰岛人》两部纪录片，并由此开创了人类学纪录影片的先河。今天人类学纪录片已经成为纪录片创作的一个重要类型，一批有代表性的作品也取得了广泛的社会影响。中央电视台摄制的纪录片《最后的山神》记录了中国人口最少的民族鄂伦春族现在的生活状况，通过族中最后一位萨满及其家人的生活表现了萨满教在鄂伦春族现实生活中的地位和在鄂伦春族群众心理上的历史积淀。

图 2－12

2001 年由中央电视台摄制的《牧魂》在美国人类学学会（AAA）第 100 年年会暨国际影像人类学电影节上获得了最高奖“特别嘉奖”，该片记录了新疆维吾尔族牧民在天山脚下的游牧生活和宗教习俗。以影像方式关注自然地理环境对人类活动的影响不仅仅限于人类学纪录片，在电影诞生之前，摄影技术已经被广泛应用于人类学研究领域，而且几乎取代绘画成为惟一的形象化研究手段，尤其是近几十年来人类学摄影并没有因为人类学影视手段的发展而消亡，相反地，从事人类学摄影的队伍正在逐步壮大，已经远远超出了人类学研究者的范围。1998 年，来自中国成都的 29 岁的青年摄影家黎郎凭借他的摄影专题《凉山彝人》，获得了琼斯母亲文献国际摄影文献基金会年度最高奖——琼斯母亲优秀奖章。彝族是四川凉山最古老的民族，但是现在，由于外部因素的冲击，许多值得保持的彝族文化正在逐步减弱甚至消亡。为了把彝族最具原创性的文化和习俗通过图片保留下来，在五年中黎郎一次又一次地走进了彝族的村落，去记录去表现彝族人民的生活，把彝族人民在恶劣的生存环境中所呈现的顽强精神记录下来。同样获得琼斯母亲文献奖的另一位中国摄影家朱运宽，则将镜头对准了云南省广南县的大山深处，中国最大的也是惟一的穴居村落——南屏镇峰岩洞，全村 56 户、278 口人居住在约半个球场那么大的山洞中。山洞里已有九代人生活在这里。这样的一群人为什么要世世代代坚守在这样严酷的生活环境中，至今没有人能说清楚，但镜头却记录下这样一个道理，环境越严酷，越能激发人生命的张力。

图 2－13　凉山彝人

图 2－14　山洞里的村庄

图 2－15　山洞里的村庄

六、声音元素

人或物在时空环境中的动作是会发出声音的，包括人物同期声、环境声和有源音乐等。在电视中这些都可以独立或是配合其它元素，完成传递信息和表达思想的作用。人物同期声是指在电视摄制过程中，记者使用同步录音设备录下的记者和采访对象的谈话以及被摄对象的讲话等。目前电视台使用的 ENG 设备能够在拍摄画面的同时记录声音，从根本上打破了传统的画面加解说的样式，使人物同期声在电视的表意系统中起着日益显著的作用。此外，新闻事件现场发出的各种声音，伴随着现场影像被同步记录下来，也在电视的表意中发挥着重要的作用。当然我们在这里提到的声音元素也包括画外解说和效果音乐。

第二节 视听思维与语言

一、概述

让我们先来看一个电视广告《伊利雪糕》

镜号	画面内容	旁白
1	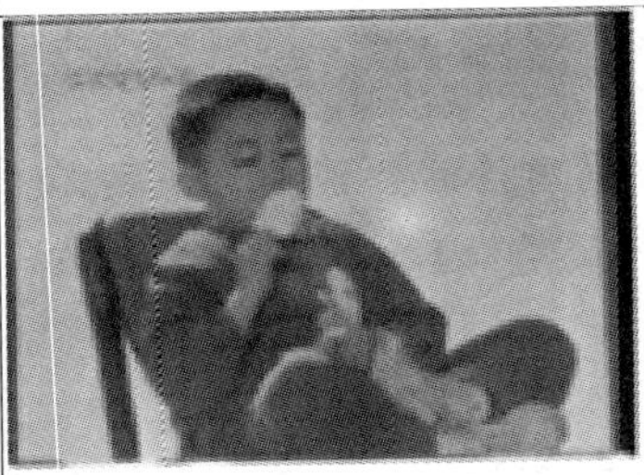	(父) 洋洋、洋洋、洋洋 (歌声) 伊利、伊利
2	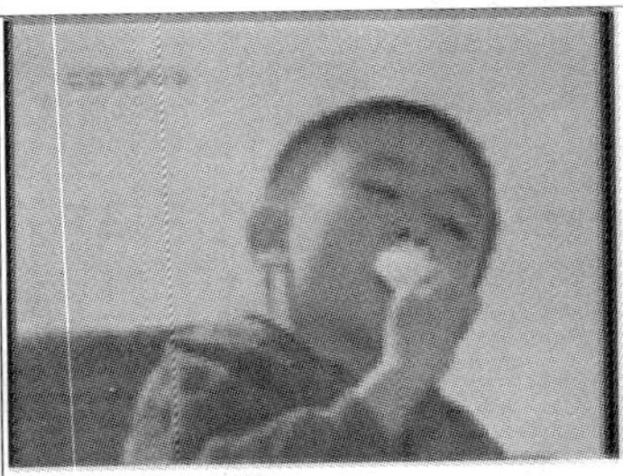	(父加重语气) 洋洋
3	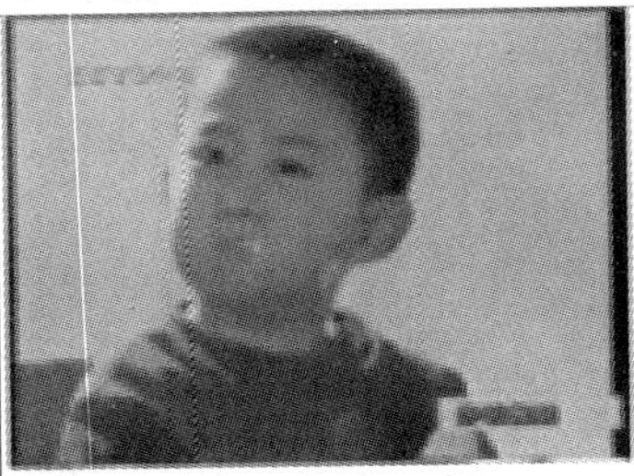	(洋洋) 嗯 (歌声) 伊利

4	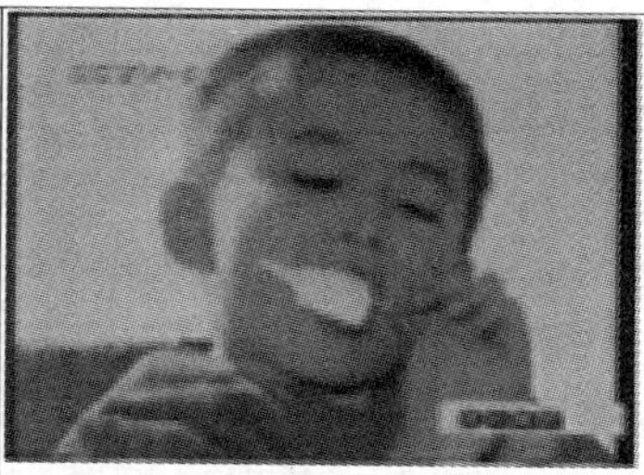	（歌声）伊利、伊利
5	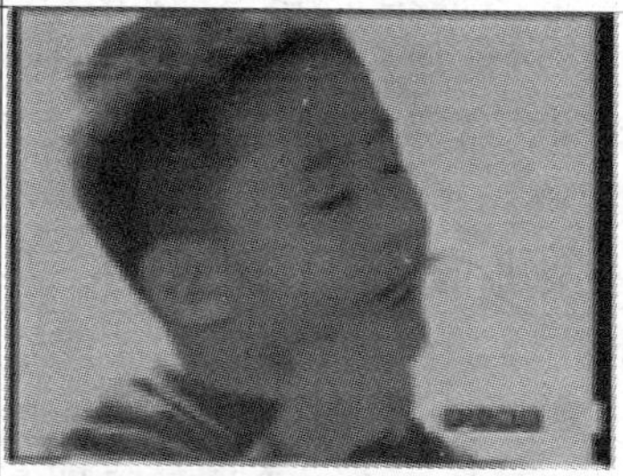	（父）真的就这么好吃吗？
6		（洋洋）你尝尝。
7		（旁白）苦苦的追求，甜甜的享受，伊利苦咖啡伴侣。

图 2-16

对比《麦当劳》和《伊利雪糕》这两个广告，我们不难发现二者同为食品广告，诉求点相似，都是为了告诉消费者产品好吃美味，但是广告效果却有很大差异，《伊利雪糕》广告本身就显示出伊利集团是一个典型的本土企业，面向的是具备汉语交际能力的人，而通过《麦当劳》广告我们可以看到麦当劳作为一个跨国餐饮集团的全民视野，请注意是全民视野而不是简单的全球视野，因为这个广告的创意出发点不仅仅是考虑到消除语言的障碍，更重要的是消除理解的障碍，以此面向所有人。

让我们来进一步分析一下不同传播效果的产生过程。《伊利雪糕》广告主要是通过文字语言表达广告的诉求，《麦当劳》广告则是通过视听元素的组合——婴儿的哭和笑来表达广告诉求的。在这里，哭和笑这种人的本能动作具有了语言的功能——交流和传递信息。而这种以视听元素为基础的语言系统恰恰是消除理解障碍的关键。正是创意者对诉求点表达方式的不同最终导致了传播效果的差异。

那么主题确定后怎样运用视听元素进行表达呢？

二、对主题的视听表达

先请大家看一张照片，题目是《饥饿的女孩》，这张照片曾经获得过普利策摄影奖，它是由南非摄影记者凯文·凯特拍摄的。

图 2－17 饥饿的女孩

这张照片由三个视觉元素构成：前景中作为照片主体的孩子，后景中作为陪体的秃鹫和作为背景的非洲荒原。简洁而有力地向观众传递出非洲大陆的绝望。那么，这张照片为什么能表现出这种绝望呢？

孩子常常象征着希望和未来，奄奄一息的孩子让我们感觉到一种渺茫。秃鹫是生活在非洲大陆的一种食腐动物，往往让我们感受到死亡的气息。当看到裹挟着死亡气息的秃鹫，虎视眈眈于奄奄一息的孩子时，读者无疑会受到强烈的情感冲击，对非洲现实的这种强烈的忧虑迫使人们思考：非洲的未来将会怎样？这正印证了爱森斯坦所说“画面将我们引向感情，又从感情引向思想。”（请注意：影视中的画面永远包含着声音元素。）

1．视听元素的符号性

“人们会问：那电影又如何能表达各种笼统而抽象的思想？首先这是因为电影画面多少是象征性的。某人出现在银幕上可以轻易地代表全人类。其次，也是主要的一点，就是这种普遍化又是观众的意识形成的。”马尔塞·马尔丹一语道破了视听语言的关键在于表达主题的画面具有象征性，而画面是由视听元素构成的。也就是说，客观现实生活中的人物、事物等等一旦成为视听语言的构成元素——影像（视听元素），就具有了象征意义，或者说具有了符号性。

根据符号学的理解，一般的表意符号通常有两个层面的意义：一是标记的形式（称为能指）如语音、文字、代码等等，它是一种指代的记号。比如，上面我们所看到的那张《饥饿的孩子》中的三个视觉元素我们就可以用这样几个汉字“女孩”、“秃鹫”和“荒原”来表示，这六个汉字及其发音就是“能指”。二是指示的意义（称为所指）它是被指代的实物。在文字语言的表意中，能指与所指存在着巨大的差异，“语言系统的威力在于所指与能指之间的巨大差别，而电影的威力却在于没有这种差别”因为“在电影里，能指与所指几乎是一致的：电影的符号是一个短路的符号。”“短路的符号”形象地点明了视听元素作为表意符号的特殊性——能指与所指的合一。

这种能指与所指合一的视听符号兼具直接和含蓄两种意指作用。直接意指强调的是影像所再现的实物的直接意义，也就是

“被再现的叙事情境”。

比如，《饥饿的女孩》中的视觉符号秃鹫，其直接意义就是非洲大陆上一种以腐肉为食的动物。同时它又可以具有一种含蓄意指，强调的是影像所再现的实物的含蓄意义，也就是“被表现的美学情境”——“文学或电影的‘风格’、‘类型’（史诗、西部片等），‘象征’（哲学的、人道的、意识形态的等等），或‘诗意气氛’”。比如，秃鹫的含蓄意义可能就是死亡的象征。这种含蓄意义的产生往往来自于“人的观念经验、社会语境以及相关性、类似性原则”，并使具象的视听元素具有了表达抽象内涵的能力。

2. 视听元素的组合

让我们利用 Photoshop 软件进行一个视觉表意创作的试验：

试验一：我们把《饥饿的孩子》这幅照片中的“孩子”和“秃鹫”这两个视觉元素剪切掉，然后利用复制粘贴技术制作出一张仅剩“非洲的荒原”这一个视觉元素的照片，单一的视觉元素传递的信息仅仅是非洲大陆遭遇了干旱。

试验二：我们把《饥饿的孩子》这幅照片中的“孩子”剪切掉，然后利用复制粘贴技术制作一张“秃鹫”和“非洲的荒原”的照片，两个视觉元素的组合似乎在介绍秃鹫的生活习性。

试验三：我们把《饥饿的孩子》这幅照片中的“秃鹫”剪切掉，然后利用复制粘贴技术制作一张“女孩”和“非洲的荒原”的照片，两个视觉元素的组合叙述了这样一个事实，非洲大陆干旱造成的濒临饿死的孩子。

在上边的三个实验中，视觉元素的组合是建立在直接意指基础上的，仅仅完成了叙事层面的任务，但并没有进一步引申到美学层面的象征。最后，让我们再来看看《饥饿的孩子》这幅照片，视觉元素的组合则更多的是建立在含蓄意指基础上，让我们由情感而思想地感受到象征的力量。下面我们就例举几种常见的视听元素的组合关系：

A. 阐述性组合

图2－18

阐述性组合关系往往建立在视听元素的直接意义基础之上，通过具有典型意义的视听元素的组合，叙述事件的过程，阐释事物的性质和特征。在新闻摄影、电视新闻和纪录片中，摄影记者面对瞬息万变的事件现场，运用采访摄影的方法捕捉最能反映新闻事件本质和特点的视听元素加以记录。比如，1985年获世界新闻摄影大赛人道主义摄影奖的作品《马里灾民救援中心》，摄影记者萨尔加多以最简练的视觉元素——骨瘦如柴的非洲儿童和挂称将马里灾民的现实状况报道给全世界的读者。在电视新闻和纪录片中主要篇幅往往是由叙事和阐释段落构成的，比如，通过视听元素的组合叙述一个事件的过程，或阐释一个事件的本质。

波兰导演基斯洛夫斯基曾经说过“我们都试图按照世界原本的样子描述世界，我们只描述微观世界，比如学校、工厂、医院……把这些微观世界拼贴在一起，就可以描述整个波兰的生活。”

B. 对比性组合

对比性组合关系往往利用视听元素或形式，或内容的对比，揭示事物发展的本质和规律。让我们来看看英国自由投稿摄影记者迈克·威尔斯拍摄的照片《手—乌干达干旱的恶果》。

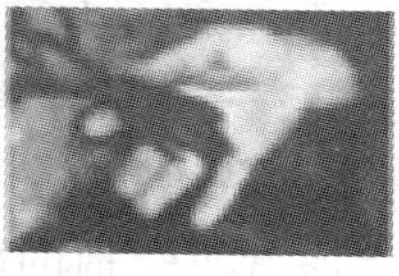

图2－19

一只干瘪的黑人儿童的小手放在一只白人丰满的大手中，简约的视觉元素却充满了强烈的对比，视觉语言在这幅新闻摄影作品中以有力的形式揭示了乌干达旱灾的恶果。这幅照片在美国的《生活》、德国的《星》、法国的《巴黎竞赛》刊登后，引起了全世界不同肤色、不同种族、不同国家人民的广泛关注。对比手法作为一种有力的揭示手段常常被应用到多种表意形式中，视听元素的表意也不例外。《知识改变命运》是以纪录片的拍摄方式制作完成的一个系列公益广告，为了表现知识改变命运这一主题，编导者广泛运用对比手法记录下一个个真实人物的人生轨迹，揭示出导致他们人生戏剧性转变的根本原因在于知识。《一根稻草两种命运》是两姐妹的求学故事，家境贫寒的两个小姑娘被一根稻草决定了是否能够拥有知识，获得知识拥有权的妹妹幸运地走进了象牙塔而丧失知识拥有权的姐姐则只能背着柴草表达对知识的渴望。《张艺谋》中主人公讲述了自己在进入电影学院前后命运的戏剧性转变，强烈的对比同样揭示出知识改变命运。总之，学会运用对比是我们表达抽象的哲理意义的有效手段。

图 2－20　一根稻草两种命运

C. 象征性组合

视听元素一旦进入视听语言系统担当表意作用时，往往就具有了一定的象征性，一个人在画面中可以轻易地代表全人类，比如，画家罗中立的油画《父亲》就将作者对中华民族精神的理解浓缩于在简约的形象中，高度概括的形象在这里有了一种强烈的象征色彩。让我们来看这样两张摄影作品。第一张是《表忠心》——作品拍摄于 60 年代中期，照片中的解放军战士手拿《毛主席语录》，军帽和军装上别满了毛主席像章，他的表情也在传递着对领袖的虔诚。这里面人物和他身上的毛主席像章就构成了一种强烈的象征关系，标志着一个时代的典型精神状态——盲目的个人崇拜已经到了登峰造极的地步。

第二张作品《上访者》也是具有划时代意义的。照片中衣衫褴褛的上访者在胸前赫然别着几枚硕大的毛主席像章，眼睛里充满了茫然。人物和像章在这里同样构成了一种象征关系，标志着

图 2－21

图 2－22　上访者

图 2－23　天安门

一个时代的终结。我们分析这两张照片发现一个共同点，当像章与人物构成了某种联系之后，人物就不再是简单地代表其本身而是具有了更为普遍性的含义，成了具有那个时代特点的普通人的典型代表。笔者在东单的闹市曾经见过这样一个青年，身穿黑色 T 恤衫，头上扎着黑色的头帕，令人惊讶的是在 T 恤衫和头帕上别满了毛主席像章，此时的毛主席像章却成了另类的标志物。其实不仅人物、事物可以成为具有象征意义的符号，动作、时间、空间甚至声音都可以成为象征表意的元素。让我们先来看看动作的象征意义是怎么产生的？电影的思维是典型的动作性思维形态，对动作的表现：一方面是基于观众对日常生活理解的需要，另一方面则通过对日常生活的强调来体现一种仪式感，比如，可以通过重复、夸张等手法使日常生活过程仪式化，在这种仪式化的动作发展中就产生出象征性的含义。纪录片《芝麻酱还得慢慢调》就以夸张的手法将日常生活中最普通的动作进行了强调，使我们透过调芝麻酱这个动作看到了主人公认真积极乐观的人生态度。动作都是在特定的时空情境中进行的，时间和空间也常常具有象征的作用。比如，天安门就具有强烈的象征性，我们就常常把它作为中国的象征符号，由中央电视台优秀制片人时间导演的八集纪录片《天安门》的创作初衷就是基于这一点，该片以天安门为轴心既在时间的纵轴上回顾近代中国的历史脉络，又在空间的横轴上展现中国的现实图景，并进而对中国的未来发展做大胆的思考和展望。在视听诸元素中声音元素的象征性最容易被大家所忽略，但实际上声音元素往往更具抽象性，尤其是音乐和同期音响，使用得当会有强烈的象征色彩。电视新闻《代表民心的四次掌声》匠心独运地对新闻现场的同期音响进行强调处理，突出了掌声代表民意这一主题。

三、文字语言与视听语言的传播过程分析

现在做一个试验，以下有五张照片是笔者拍摄的一组突发事件，假定有三位目击者与笔者一同看到了这一事件的发生过程，请三位同学看完之后口头报道这起事件的现场情况，之后再请全班同学看这组照片。经过对比我们发现，进行口头报道的同学虽然面对同样的事件，但关注和描述的重点却不尽相同，听众接受这些信息后对整个事件的了解又与图片所展现的该事件的情况有相当程度的误差。

为什么会产生这样的结果呢？

我们不妨看看传播学者对信息传播过程的图解：

来源——制成代码——讯息——代码还原——目的地

结合刚才的那组图片，我们来分析一下这个传播过程的图解，一起车祸发生了，这起车祸刺激了在场的目击者——笔者和三位提前看到图片的同学，他们在应激反应的作用下形成了对这起车祸的整体感觉，三位同学经过大脑的抽象加工以文字讯息将这种感觉告诉了班上的其他同学，大家对他们的描述进行了经验性想像进而获得了对这起车祸的间接了解，而笔者则以直接拍摄的图片所传递出的视觉讯息使全班同学对这起车祸有了直观感受。在电视新闻和图片新闻的信息传播过程中，文字讯息和视觉讯息都是不可缺少的，它们既相互区别，又互为补充，组合成复杂而极具表现力的视听语言形式。

影像实验一：为新闻字幕设计背景

图 2－24

在2003年进行的海湾战争中，伊拉克电视台向全世界播放了被俘的美军士兵惊恐的画面，白宫方面十分不悦并引用《日内瓦公约》的相关条款，谴责伊拉克当局犯下了战争罪行。多家电视台在报道这一事件时都以字幕形式将《日内瓦公约》相关条款的内容告诉给观众，请你在下面的选项中为日内瓦公约的字幕内容选择背景并说明原因：

蓝色
白色
红色
绿色
黑色
美军战俘被伊拉克士兵扣押的新闻画面
伊拉克战俘被美军士兵扣押的新闻画面
双方交战画面

影像实验二：为图片写新闻文字报道

请看一组车祸照片，然后就图片所展现的该事件的情况写一篇新闻文字报道：（见图 2－23 至 2－27）

作品背后的故事一：凯文·卡特

1994年5月23日，在卡特拍摄《饥饿的女孩》14个月后，他走上了哥伦比亚大学图书馆的讲台，接受了普利策摄影奖。在

图 2－25

写给远在约翰内斯堡的父母的一封信里卡特说：“我发誓我得到了每个人的称赞，我恨不得马上回去让你们看看我的奖章。它是世界上最宝贵的东西，是我能得到的最大的报偿。”

在纽约最时髦的地方，卡特受到了众星捧月似的款待。饭店的顾客们知道他的身份后会跑上来请他签名，最重要的几份杂志的摄影编辑都想和这个穿着黑色牛仔裤、T 恤衫，戴着三圈手镯和钻石耳环的热门人物拉拉关系。卡特和西格马签了约，西格马是一家权威性的摄影机构，麾下有 200 个世界最棒的摄影记者。他的老板拉方特说：“拍照可不是个容易的行当，干出头的人寥寥可数，卡特算一个。现在漂亮姑娘围着他转，每个人都想听他讲点什么。”

卡特却像一颗光彩耀人的彗星，惊心动魄的美丽变作死亡的凶兆。两个月后，这位普利策奖得主，在约翰内斯堡死于二氧化碳中毒，一次明显的自杀行为。他的车子停在他童年时常在里面

图 2－26

戏水的小河旁边，汽车的排气管上套了一截绿色软管，把废气导入车内。人们在座位上找到了一张条子："真的，真的对不起大家，生活的痛苦远远超过了欢乐的程度。"

（引自《黑镜头》之一，第 3 页，黄利编译，中国文史出版社）

作品背后的故事二：《天哪！你们对我干了什么？》

《华氏 451 度》是美国科幻作家雷·布莱贝利的长篇小说，1966 年被法国导演待吕弗拍成电影。故事中虚构的未来社会里，每栋建筑物都百分之百火，消防员已无用武之地，他们反变成专业纵火员，惟一的工作就是四处焚书。华氏 451 度—即摄氏 23 度—正是书本的燃点。纪录片《华氏 911 度》将这部小说的标题与"9·11"事件合并，导演迈克尔·摩尔说："这是自由的燃点。"

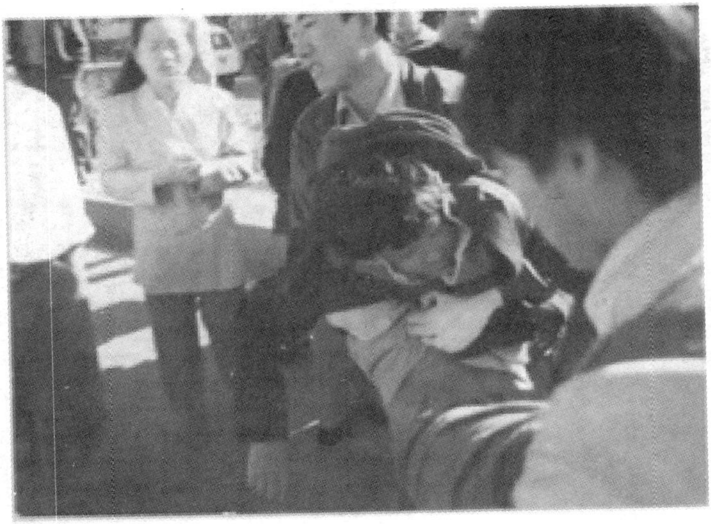

图 2－27

图 2－28

图 2－29

没人告诉他怎么办

5 月 22 日（当地时间，下同）的颁奖晚会一开始，迈克尔·摩尔就开始成为焦点。稚气未脱的比利时小伙子乔纳斯·盖尔奈特上台领取可能是他人生中第一个电影奖项“最佳短片评委会大奖”时，抓住宝贵的机会向摩尔和他的《华氏 911 度》致敬。紧接着出来颁奖的英国演员蒂姆·罗斯立刻对此表示出赞赏：“刚才那个小伙子说了一番很有勇气的话，我完全赞同他的意见。”

等到摩尔终于噙着泪水捂着嘴，拖着自己庞大的身躯走上台，去领取属于自己的金棕榈大奖时，喝彩声和倒彩声同时爆发。摩尔好不容易控制住情绪和台下的喧闹声，恢复了自己调侃的形象。“天哪！你们都对我干了啥？”手持金棕榈奖的摩尔问坐在台上的评审团。评审团给了他金棕榈，戛纳的电影市场则给了他好消息：“我找到新的发行商，一个阿尔巴尼亚发行商，现在全世界都能看到这部电影，除了一个国家。”由于迪斯尼坚决阻止任何子公司在美国发行这部“招惹是非”的影片《华氏 911

度》何时能在美国上映，仍是未知数。

5月16日，《华氏911度》戛纳首映前一天，摩尔向媒体捅出新闻：白宫曾阻止梅尔·吉布森的制片公司ICON投资本片。“ICON的总裁布鲁斯·戴维去年打电话给我‘我现在麻烦大了，你得帮我。我知道我们已经签了合约，我知道资金已经注入影片制作，但梅尔接到白宫那边的人的电话，说如果投资这部电影，以后就别再想得到白宫的邀请。’”于是ICON匆忙退出这个计划，由迪斯尼的子公司米拉麦克斯接手。

有认真的美国记者打电话询问过ICON公司，他们却说没有受到过任何来自白宫的压力，只是“因为我们对这部片子不感兴趣了。”该记者问摩尔：“我该相信谁?”“ICON是《科伦拜恩的保龄》在澳大利亚和新西兰的发行商。”摩尔回答，“那部影片打破了票房记录，就像它在美国取得的7000万票房一样。他们尝到了甜头，是他们来找我说‘我们要投资迈克尔·摩尔的下一部电影，不管是什么片子’。可两三个星期之后他们慌慌张张说要立即撤出—‘我们没兴趣了。’你能接受这样的解释吗?”

看过《华氏911度》，没人会否认它的“杀伤力”。这部纪录片的意图清晰尖锐，用摩尔的话说，就是“乔治·沃克·布什应该下台。”

密集的电视素材回顾了2000年布什就职那天，人们往他乘坐的轿车上扔鸡蛋的情形。摩尔以数据指出，“9·11”事件前，布什在任8个月，用了42%的时间度假。随后的影响更是直接尖刻：“9·11”灾难发生前，布什正前往佛罗里达州一所小学参观。当布什被告知一架飞机撞上纽约世贸中心，他决定继续这次上镜机会。当第二架飞机命中另一幢塔楼，他的助手走进教室，附身向坐在讲台上的布什耳语。镜头长时间地记录布什呆坐着不知所措，摩尔的解说火上浇油：“他不知道该怎么办，或者没人告诉他怎么办，也没有特工来带他离开，布什只好继续坐着，看小学课本。在7分多钟时间里，没有人做任何事……”

有记者问及这段素材从何而来，迈克尔·摩尔说：“这很简单，我去那学校问他们是否有当年布什访问的录像带，他们说有，就给我了。”

影片接着揭示布什家族与拉丹家族的长期密切关系。“9·11”之后几天，美国所有商业和私人飞机全都滞留在机场，因此被耽搁行程的人包括老布什和瑞奇·马丁。“问题不在马丁坐不了飞机，而是除了本·拉丹家族，谁想坐飞机?”9月13日之后，在白宫的许可下，6架私人飞机和24趟商业航班将142名沙特人，包括24名本·拉丹家族成员带出美国。

摩尔在参加新闻发布会时出示了影片中用过的物证——一份军队文档在2000年和2004年的两个不同版本。文件证明1972年有两人未能通过驻德克萨斯州国民警卫队的体检——布什和詹姆斯·巴斯。2004年的文件上，后者的名字被涂去。巴斯后来成为本·拉丹家族在德克萨斯州的财务主管。“他的名字为什么被白宫和布什涂掉？因为2000年的时候还没人知道什么本·拉丹家族!”摩尔说。《纽约时报》对影片的评论说：“也许影片中最弱的，是所谓最新揭秘的那部分。此处涉及布什家族与沙特阿拉伯王室之间诸多复杂的财务关系（据统计，沙特王室在布什家族经营的石油企业中投资约14亿美元），大多数观众会看得一头雾水。”

我正经，布什搞笑

5月18日在戛纳MAJESTIC酒店的露台，摩尔与包括《芝加哥论坛报》、《纽约每日新闻》、英国天空电视台在内的十余家媒体谈论他的新片。由于这次密集围绕于影片的新闻，他不得不解释：“我不是想出名，我从来不觉得出名会令我舒服。”本报记者根据现场录音整理出一些有意思的“摩尔式答问”。

这次你很少在镜头中出现。是想让布什做主角，还是想改变

自己的纪录片风格，更多地让素材说话？

我觉得这次的素材已经足够有力，不需要别的帮助手段。我少在镜头中出现，会让片子更有观赏性。从个人角度讲，我不愿看到自己（笑）。在剪辑室里我曾贴了张纸条，写着“如果拿不准，就把我剪掉。”我不想让迈克尔·摩尔这个角色成为焦点，我想让莱拉（影片中伊拉克战场阵亡士兵的母亲）更被人们关注。

您这部影片很明显将影响美国的大选，对此您是如何考虑的？

我做每一部影片之前，都希望它是一部我自己会在周末晚上买票去看的电影。最首要考虑的是，它能成为一部提供享受和娱乐的电影，人们可以带着伴侣去看，吃爆米花，哭，笑，思考，走出影院后的一小时、一天或一星期后还谈论它……这是我一贯的原始动机，也是拍这一部电影的动机。我想讲美国在“9·11”之后一段时期的生活，我们是怎样走到了现在……我也仍然认为在这种时候笑是很重要的，所以这部影片中亦有许多幽默。不过这次我成了一本正经的人，而乔治·布什负责了所有搞笑的台词。有人还问我：如果布什要捍卫他的作者权利我该怎么办……

您怎么保证有选举权的美国人都去看你的电影呢？

我的电影并不是在艺术院线放映的，它们在大商场里的影院和商业院线放映。我也觉得有幸能够让纪录片面对大众。《科伦拜恩的保龄》上映时，发行公司对观众做了调查，70%的观众是有生以来第一次到影院里看一部纪录片。我的观众就是平常的电影消费者，我相信这部影片一定能在美国和世界各处面对所有普通观众。

这部影片很有力量，它来自大量客观真实的素材，但那是我们都已知道的。之前你所说的许多从前“不为人知”的东西是什么？你认为哪些东西真正会威胁我们的政府？

在电影开始时，布什在服役期间的记录，在被涂改的另一份

图 2－30

文档。我想你也没有见到过美军士兵像影片中这样讲话，他们的觉醒、他们对这件事情的疑惑……对着摄影机讲这些是需要勇气的。我们在晚间新闻里没有看到过这些。你也没看到过战争对那些家庭造成的持续创伤，我们都很少看到，但它们在这部影片中一次又一次出现。我想这对每一个看过这部电影的美国人，都是新的启示。美国的好处在于当人们一旦知道真相，他们会依此采取正确的行动，难处在于了解真相。

我雇佣的自由记者，以他们有限的资源，在伊拉克战场找到他们所寻找的东西。我们要问每一天都在现场的那么多家电视网—你们应该去问 NBC、CNN、ABC、……数百万美元投入到他们的工作，我们为什么没有看到这些？今天你们在我影片中看到的美军虐俘素材是第一次。除了现在我们看得到的监狱里的照片，你们没看到过任何监狱大墙之外、战场上的事情。但影片当中就有，你们今天是首次看到它的人。这是可耻的。

我和我们的自由记者把这些事实带给美国民众，美国人不喜欢被蒙蔽，我想这部影片要做的就是揭示秘密，告诉大家真相。

为什么影片中关于托尼·布莱尔的内容相当少？

可能因为我是美国人，我想把我要谈的问题集中在美国、白宫，而不是唐宁街10号。在我印象里托尼·布莱尔要明事理得多，他跟布什这样的家伙搞在一起做什么？我真是不懂。这是我见过的最古怪的一对。你们是否记得布莱尔第一次去戴维营，在那里过夜？次日早上他们要出席记者招待会，两人站在讲台上，布莱尔准备发言，而布什对着麦克风跟他说："我们用了同一支牙膏！"布莱尔只好讪笑，他也许会怀念比尔·克林顿——记者们全都在场，他不觉得尴尬吗？

布什日前发表讲话，谈了美国士兵在虐俘事件中扮演的失败角色，您认为布什的角色失败在何处？

这是另一个证据说明乔治·华盛顿·布什不支持我们的军队。他实际是在蔑视我们的军队。他轻视服役保卫国家、在必要时会献出生命的年轻人，把他们送进一场基于谎言的战争。这是对军队的最大侮辱，对待军队的最坏方式。他说我们的士兵缺乏人品——缺乏人品正是始自他自己、迪克·切尼和唐纳·拉姆斯菲尔德，上梁不正下梁歪、恶行自有恶果，所以不必奇怪。这不是一场保卫国家、自由人民、阻止杀戮的崇高战争，我们能说的只是：感谢上帝他们很快就被抓获，要知道在越战时，谎言揭穿用了1年。

您最担心的是否布什的连任，让这个噩梦继续？

应该说是可能的"当选"，不是"连任"。他先得被选举成总统，然后才谈得上"连任"。

这部影片是延续《科伦拜恩的保龄》的思路，我想探讨得更深。在《科伦拜恩的保龄》中我从个人层面谈到了美国的文化恐惧，人民被错误的信息操纵，电视上的影像告诉他们应该害怕，应该购买枪支保护自己。这部影片要探讨的是大众恐惧、大众的歇斯底里。它们是刻意制造出来的，以便大众将注意力从真正应该考虑的问题上转移开，依照他们的政治日程进行。如果布什要打伊拉克战争，他必须先恐吓美国民众，让他们相信萨达姆·侯赛因与“9·11”有关。他们成功了，投票显示70%以上的美国人相信基地组织与萨达姆·侯赛因有联系。他们十分擅长这一手。

我在这部影片里要做的，是给大家看事情的另一面，告诉美国人他们如何被这种恐惧操控。就像奥威尔在《1984》中所说：“统治者需要置人民于持续的恐惧中，要令他们相信敌人无处不在，他们随时可能被攻击、被杀害。而人民为了得到保护，将情愿放弃自由。因为他们想活。”

这是我们在过去两年半中所做的，我们希望美国人民重新考虑，恐怖事件过去存在，将来也可能发生，但我们应该掌握自己的命运，我的美国同胞们——这世界并没那么危险，或者说一直都是危险的。你要做的不过是多加小心，尽量让自己安全，要是我们自己放弃自由，有什么意义？

《迈克尔·摩尔语录》

我们都喜欢纪实而不是虚构，但我们生活在一个虚假的时代。这个时代，一场虚假的选举，选出了一位虚假的总统；这个时代，我们因为某个人的虚假理由而奔赴战场。布什先生，我们都反对这场战争。可耻啊，布什先生！可耻啊，布什先生！在教皇和“南部小鸡”乐队都反对你的时候，你就到头了！

—2003 年奥斯卡颁奖礼上的答谢辞

我有一个不太成熟的想法，在座的各位所做的和将要做的事，就是确保让每个美国人都看到这部影片。对此我不知道该怎么表达谢意。是你们让目光焦点集中在这部影片上。人们希望知道真相并珍藏起来。一位伟大的共和党总统曾说：“只要把真相和共和制度带给人民，美国人就能得救。”这个总统叫亚伯拉罕·林肯。

—2004 年戛纳电影节颁奖礼上的答谢辞

以下是我最喜欢的由他们这些“吃角子老虎机协会会员”嘴里吐出来的“筹码”：

“对我们公司来说，上映一部可能引起客户反感的有激烈政治观点的电影是不为明智的。”嗯……迪斯尼不会上映这类电影？我似乎还记得美国国会选举那年，1998年，迪斯尼还上映了一部观点非常激烈的政治电影，叫《老大》，是由……嗯……我拍的！

“《华氏911度》不是迪斯尼的产品，我们出品的都是合家欢电影。”毫无疑问。这就是最近剧院热播迪斯尼公司产品《杀死比尔 II》的原因。这部精彩的米拉麦克斯影片，和其他像《低俗小说》之类的经典作品，都是由迪斯尼出品的。这也是米拉麦克斯存在的原因——为迪斯尼的常规投资方式提供了另一种选择，迪斯尼要一直保持自己出品的片子在Nc－17级（美国电影分级制的限制组——编者注）以下。

“摩尔先生总爱公开作秀。”据报道，这是前些日子迈克尔·艾斯纳在加利福尼亚冒险乐园参加一次作秀活动——为新落成的“恐怖塔”（和整个国家最近的遭遇相比，这是一个多么讨人欢心的名字）剪彩时说的。让我告诉你一些事：任何一个电影制作人都不想让自己陷入这种争执。你的票房行情会很差（我可以举出许多例子，证实所有在最后一刻改换发行商的电影，全都失败了）。

我的电影会怎么样？我还不知道。但我知道，我会让你们每个人都看见它。我们是美国人。虽然我们之间现在还有很多拧巴的事情，但绝大多数人都有一个共同点——我们讨厌别人告诉我们看不到某些东西。我们痛恨审查官，而最可恶的审查官就是那些胆敢限制思想、压制异见的家伙。那种做法很不“美国”。我要穿越整个国家，在各个城市公园付诸行动（或是像昨天某个人所说的，在家门口向邻居们展现），我会去这么做的。

—2004年4月在其官方网站上的公开信

《摩尔的戛纳》

5月22日晚，在戛纳宫新闻发布会场的门口，等待入场参加颁奖礼的记者们反应各异：一位来自美国德克萨斯州的女记者独自激动地鼓掌，一个席地而坐的男子带点揶揄地捂嘴大笑，大多数人的脸上是一种迷惑。或许记者们还未习惯于在戛纳电影节上见到纪录片，更不习惯它获得大奖——戛纳对纪录片是出了名的不以为然，近50年来，包括《华氏911度》在内，仅有三部非虚构影片入围竞赛单元，纪录片上一次得奖已经是48年前的事了。

今年戛纳的新奇之处不止如此。电影节有史以来第一次在颁奖后让评审团面对媒体。塔伦蒂诺在记者会上解释："真正关键的并非这部影片是谁拍的、为什么拍……这都是电影之外的东西。重要的是电影本身，和它给我们的感受。我们一致同意《华氏911度》是竞赛片中最好的。"英国评审提尔达·斯温顿说："我想大家应该能够看出，这部电影并非关于布什、美国和伊拉克，而是关于体制。我很荣幸能引用戈达尔在《我们的音乐》中的话来谈迈克尔·摩尔——'我们总是花大量时间来寻找解决问题的钥匙，或许我们更应该寻找锁'。这部影片的非凡之处还在于，事情就在眼下，事态仍在继续，每分钟都可以更新。我能想像影片在美国发行之前，迈克尔·摩尔会如何进一步补充。"

在记者提问前，评审们已用了大约15分钟的时间一一发表自己在评审中的态度和立场，这很令人思忖：是今年电影节对评审的权威性特别不自信，还是他们有勇气奖励这部烫手的电影，但仍需谨慎小心？虽然评审们一再说没有时间逐一谈论影片，记者们仍各自追问自己国家的竞赛片情况，有时候几乎要发生争执。

（引自《南方周末》，第25版，2004年5月27日）

第三章　电视新闻与纪实节目的选题策划

概述

电视节目的取材过程可以分为三个阶段，前期策划阶段的选题确定、现场采访拍摄阶段的选择以及后期编辑阶段的结构安排和主题提炼。选择作为记者主观思考的体现，渗透于环环相扣的取材过程，从前期策划阶段对题材的判断到现场拍摄阶段对形象的记录，以及后期编辑阶段对素材的取舍。成功的选择往往能起到事半功倍的效果，中央电视台军事记者冷也夫在拍摄女特警三部曲时就充分发挥了选择的作用。

选择性思考贯穿于电视新闻纪实节目取材的全过程，可以说记者在取材时片刻也离不开这种思考，而且实践表明这种思考在新闻纪实取材的不同阶段又各有侧重，下面我们就从题材选择、现场选择、结构选择和编导的选择思维四个方面来探讨一下这个问题。

第一节　与人物有关

“文学即人学”。高尔基一句话就概括了人是文学创作的永恒主题，同样地以社会生活为主要反映内容的电视新闻与纪实节目的题材选择常常是与人物相关的。比如，居杨拍摄的新闻摄影组照《丢丢的悲剧》为我们讲述了被瘾君子母亲抛弃的三岁幼童丢丢的故事，发人深省，感人泣下。又比如，纪录片《舟舟的世界》则以一个弱智儿童舟舟为主角探询了生命存在的意义。在处理这些与人物相关的题材时，记者经常要围绕以下几种关系进行思考：

图 3－1　丢丢的悲剧

1. 人物与故事

“讲述老百姓自己的故事”是中央电视台《生活空间》栏目的节目宗旨，而这句话也恰恰阐明了这样一个原理：叙事作品的关键在于讲述故事，而故事的主体又是人物。作为典型的叙事作品，电视和图片新闻以及纪实摄影和纪录片同样离不开故事和人物。近来电视新闻界所提出的电视新闻故事化的观点，正是建立在对这一原理充分认识的基础之上的。让我们再以《南浦大桥成为上海人民心中的丰碑》这条获奖新闻为例，探讨一下怎样实现新闻的故事化。从常规的新闻采写理论去分析，南浦大桥落成典礼是一个典型的新闻事件，最简单和直接的处理方式是把它做成事件性新闻，但是采摄这条新闻的记者没有被惯性思维所左右，而是独辟蹊径地寻找事件背后的人物故事，增加了新闻的感染力。寻找人物并挖掘故事，既是创作者题材选择中的一个重要思考方向，又是创作过程中的一个核心工作。70 年代日本发生了震惊世界的公害案——水银中毒事件，当时正在日本度蜜月的尤金·史密斯和自己的日裔美籍太太一起，全身心地投入到对这个事件的报道中。水俣是日本的一个小渔村，70 年代因史密斯在《生活》杂志上对水银中毒案的摄影报道《水俣》而成为世界瞩目的焦点。当地渔民因为饮用了一家工厂的废水而得了重病——终生瘫痪，而且会遗传给下一代。水银中毒这个病例现在都以“水俣症”统称了。为了如实报道这个事件，史密斯在水俣前后两次一共住了四年半的时间，他和村民同吃同住，渐渐成为他们的朋友和邻居而不是一个新闻记者。在对整个事件的报道中，史密斯重点选择了智子一家人进行记录，为什么这样处理这篇事件性报道？史密斯在他的拍摄札记

图 3－2　水俣

中这样写道："由于了解人物而循序渐进，我们经常在那对夫妻去示威抗议时，帮忙照顾他们的小孩。他们的家离我住处约莫有十分钟步程，每次路过，我们一定可以看到有人在照顾智子，而我也一定会看到那位母亲所付出的不平凡爱心。她总是那么愉悦，我观察越多，越觉得其中涵盖了勇气最美好的层面。水俣村民就是以这种勇气，和那家工厂与政府作战的。人们现在则称这为浪漫主义，然而我感兴趣的就是这种勇气，而这种勇气也是浪漫的。我要想办法来象征水俣最好而且最坚实的特质。有一天我对太太爱莲说：'我们设法来拍那张照片吧！'我想像的画面里，母亲正搂着孩子，盈盈的爱意洋溢智子裸身，好让人看见她身体受害情形的照片，我也要显示她照抚孩子的样子，那位母亲说：'好，我正要为智子洗澡，也许对你会很方便。'她像一般日本人那样，先搂着孩子在池外洗，然后再把她放进池里。眼见这个画面构成了我想说的东西，是这样地感人，我觉得眼泪模糊，简直难以按下快门，然而我毕竟拍了。那是一张绝顶浪漫的照片，我自问：什么是你个人一向最信守的哲理？是人性。我要坚持自己这个意见，并传给没有意见的人。"正如史密斯所说，智子一家充满人性光辉的故事张扬了事件报道的情感力量。

2．人物与主题

什么是主题？《文学词典》中对主题做了这样的界定，"主题是作家创作的主旨，即创作的意图。""主题是从作者的经验中产生，由生活暗示给他的一种思想，可是它蓄积在他的印象里还未形成，当它要求用形象来体现时，它会在作者心中唤起一种欲望——赋予它一个形式。"与文学类似，电视新闻和纪录片作者的拍摄意图也是通过新闻形象来体现的，而人物作为最重要的新闻形象元素往往在表现新闻作品的主题上起着决定性作用。

新闻作品的主题经常通过记者选择的人物来体现。获奖电视新闻《南浦大桥成为上海人民心中的丰碑》精心选择了上海的三个普通市民，对大桥设计师妻子的采访是在新闻策划阶段就已经确定的，主桥设计师张介望为了大桥的建设呕心沥血倒在了工作岗位上，在这个决定性的时刻采访他的妻子，会产生强烈的感染力；对老太太和盲人的采访则是从现场拍摄的十几个采访对象中选择出来的，老太太在黄浦江边住了一辈子，亲眼目睹了上海交通的变迁，她的谈话增加了现场新闻的历史厚重感，而盲人感受大桥雄伟的动作则非常适合电视化的表现，观众从他们三个的视点感受到了南浦大桥在上海人民心中的丰碑位置。《知识改变命运》是以纪录片方式拍摄的系列公益广告，其主题就是知识改变命运，导演顾长卫通过一个个人物的命运转折有力地阐释了这一主题。比如《一根稻草两种命运》就是通过姐妹俩命运的对比，在短短一分钟的广告中揭示出知识能够改变命运。

镜号	景别	画面内容	同期声
1	全景固定		本来我的学习还是很不错的
2	近景	肖琴在刨树干	家里凑不出那么多钱
3	中景	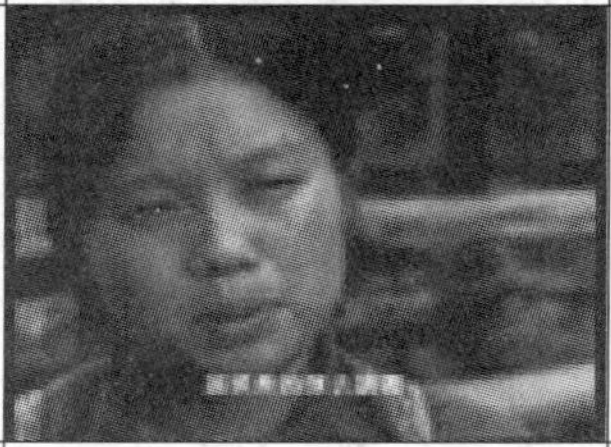	所以我妈就说，让我们姐妹俩抓阄
4	特写	肖琴面对镜头讲述	谁抓长的就去读书，抓短的就不读，当时我二妹就抓长的，就读了
5	中景		当时她就哭了，我也哭了
6	移动镜头	吉首大学校门	第二天我就背着书包去上学
7	摇－跟	姐姐背着背篓上山	可我的姐姐却赶着牛上了山坡
8	特写	姐姐讲述， 难过地低下了头，哽咽住	结果她进了学校的大门，对我触动还是很大的。
9	全景	一群山里的孩子	我想她要是能够上学的话
10	特写	姐姐抬起头，苦涩地笑了	她考的学校肯定比我好

11	特写	妹妹哭着说	我在心里觉得，非常对不起她
12	特写		目前我做梦，还是经常想着在读书
13	全景		将来我要让她的孩子们去上一个很好很好的学校。
14		字幕：知识改变命运	

图 3－3

新闻作品的主题往往因为所选人物的复杂性而具有了多重意义。被群众誉为“西部歌王”的王洛宾一生坎坷，其曲折多舛的命运成了他音乐创作的源泉，纪录片《往事歌谣》就跟随拍摄了他晚年寻访自己一生生活和创作轨迹的过程。尽管影片是以个人化的视角展开叙事，但音乐家深刻的人生体验和感悟以及对社会历史的思考丰富了影片的意义。

图 3－4　往事歌谣

世界著名的新闻和纪实摄影家尤金·史密斯曾经说过：“我要自己的作品成为生活的片段。”为了反映 40 年代末至 50 年代初美国乡村医疗卫生的实际情况，他拍摄制作了两个图片专题报道《乡村医生》和《助产护士》，以今天的眼光来看，这两组报道不仅真实地记录了当时医务工作者的实际工作情景，而且更是故事化地展现了那个年代美国乡村的社会人文图景。

图 3－5 助产护士

叙事作品的主题还常常蕴积于生活片段组合。奥斯卡最佳纪录片《从毛泽东到莫扎特》记录了素有“小提琴教父”之称的斯特恩 1979 年在中国的艺术交流活动。1979 年，中国大陆刚刚结束历时十年的文化大革命，斯特恩受当时中国外交部及美国驻中国大使的邀请，出访中国大陆，此举使他成为第一位文化大革命后进入中国的西方音乐家。在中国期间，他所举行的音乐会及大师班讲座，和在各城市的参观行程，全被记录下来成为了影片的核心内容。但影片的主题绝不仅仅在于表现斯特恩这位乐坛伯乐慧眼识天才的能力，而是为了更深刻地见证一种历史的变迁——中国怎样从封闭走向开放。对于这一点，影片的主标题就是最好的证明。编导者巧妙利用历史伟人的时代象征性，点出了影片的主题内涵。

图 3－6 从毛泽东到莫扎特

3. 弱势与强势

图 3－7 非洲大草原

《非洲大草原》记录了东非塞伦盖地大平原上野生动物一年一度的迁徙，在这里生命的公式很简单，草食动物吃植物，而肉食动物就吃草食动物，“物竞天择，适者生存。”正是由于竞争的存在，自然界才有了强弱之分。同样地，这种竞争也必然导致社会的分层，因此就有了弱势群体和强势群体。虽然处在社会底层的弱势群体和处在社会顶层的强势群体在整个社会中所占比例不大，但由于他们生活中常常隐含着浓烈的戏剧色彩，极易成为整个社会所关注的公众人物。

A. 对弱势群体的关注

对弱势群体的关注是最能发挥媒介社会影响力的一种手段，使用得当往往能激发整个社会的人文关怀精神，比如，媒体对身患绝症的病人、下岗工人、失学儿童的连续报道常常能收到很好的社会效果。

弱者的命运往往有两种可能，一种是暂时处在不利境地但对未来充满希望的弱者，记录他们生存状态，观众能感到一种奋斗的力量；一种是几乎看不到未来和希望的弱者，他的命运常常能够激起社会的广泛同情，成为一发催泪弹，有时候这种同情与关注甚至能彻底改变弱者的命运，比如纪录片《舟舟的世界》使智障儿童胡智舟成为了明星级公众人物，彻底改变了他的人生轨迹。

但是对弱者的关注也存在一个适度的问题，不能为了轰动效应而一味地放大，而且要注意这种关注应该是一种平视。

B. 对强势群体的关注

对强者的关注永远是媒介和公众的兴趣所在，强者作为社会发展的先锋力量，关照他们更可以把握时代的脉动，调整自己的行为及发展方向。比如，中央电视台的《对话》、凤凰卫视的《名人面对面》都是针对社会精英的关注。特别是随着社会民主和开放程度的日益提高，越来越多的媒体把焦点对准了领袖人物。比如，新华社记者杨绍明拍摄的《退下来的邓小平》以浓浓的人情味获得了世界新闻摄影比赛的三等奖，又比如，中央电视台的获奖新闻《空中联欢会》就是以领袖的日常生活为报道内

3－8 他们眼中的胡锦涛

容，拉近了领袖与百姓的距离。再比如，《南方周末》在十六大召开期间推出的特别报道《他们眼中的胡锦涛》以独特的视角展现了总书记的个性风采。强者的命运也有两种可能：一种是弱者经过自己坚持不懈的努力，由弱转强成为了社会的精英，赢得社会的广泛认同，成为人们效仿的楷模，比如，张艺谋成功后，很多媒体都把焦点聚焦于他怎样从一个家境贫寒的摄影爱好者成长为世界级电影导演的近乎传奇的人生经历；一种是强者因为一次意外的挫折，由强转弱，此时他的生存状态怎样以及内心的体验和对未来的打算常常成为人们所关注的焦点。比如，凤凰卫视《鲁豫有约——说出你的故事》对失意的钟镇涛的采访就是一个典型的案例。

4. 视角与叙述

一个事件发生了，当事人和旁观者看待这个事件的角度必然不同，这种不同首先会产生叙述方式的差异，并进而影响人们对这个事件的态度。图片和电视新闻甚至包括纪实摄影专题往往采用旁观者视角以更加客观的方式来讲述人物故事。而纪录片在叙事的视角和方式上就更加灵活而多样了，概括起来大致有三类：

A. 旁观者视角

在纪录片中旁观者（请注意：这里特指现实旁观者）视角对应的是直接电影（或真实电影）方式，这种方式主张“利用同期声、无画外解说和无操纵剪辑尽可能忠实地呈现不加控制之事件的一种尝试。简言之，真实电影作品企望给予观众一种正当摄影机前的事件展开之时‘他们身临其境’的感觉”。摄影师以旁观者身份，等待事件的发生，并用摄影机记录下事物的真实。

在法国真实电影节上获得评委会特别奖的纪录片《山洞里的

村庄》就是以直接电影方式制作的，云南电视台编导郝耀骏以观察者的视角记录下云南省广南县的大山深处，中国最大的也是惟一的穴居村落——南屏镇峰岩洞村民的穴居生活。影片仅有少量的解说旁白，目的只是进行必要的背景介绍，比如交代时间和地点。

采用观察者视角的纪录片追求保持生活的原生状态，但是由于摄影机的介入，生活的原生状态必然受到影响，怎样解决影像记录过程中的这一矛盾呢？以“墙上苍蝇的视角”来观察和记录生活是纪录片工作者常常挂在嘴边的一句话，这句话形象地描绘出他们为了保证生活的原生状态所采用的记录方式。而以“墙上苍蝇的视角”来观察需要纪录片工作者长时间地与拍摄对象深入接触，降低被摄对象对摄影机的戒备心理，尽可能地使他们习惯摄影机的存在。比如，在拍摄《山洞里的村庄》时，为了记录得原汁原味，郝耀骏带领摄影队在洞口搭了帐篷，一住就是四个多月，头一个月时间没有开机拍摄，每天都把摄影机架在洞口，使村民渐渐地习惯了摄影机的存在，这时开机拍摄就能获得最佳的效果。

再有，为了保证记录的真实可靠，降低被摄对象在摄影机前作秀的可能性，摄影师要尽可能记录特定情景下人物的活动，比如，在人物的情感达到了一定的情绪时，他们往往会忘记摄影机的存在，展现自己最本真的一面。以旁观者视角制作的纪录片应该摒弃提问式采访，不能使用带有编导主观倾向的解说式旁白。制作这种样式的纪录片需要较长的拍摄周期，并且为了保证影片所记录生活的真实性、连贯性和逻辑性必须有较大的片比。这种纪录片常见的问题是内容冗长，节奏缓慢，难以引起大多数观众的收视兴趣。因此这种纪录片样式不适合栏目化的节目制作要求。当然如果在题材选择上注重猎奇色彩的话，有时也会收到一定的奇观效应。比如，《艾滋病人小路》就因为题材的特殊性而受到了广泛的关注。

B. 介入者视角

在纪录片中介入者视角对应的是法国的“真理电影”，其代表人物是法国纪录片导演让·鲁什，他主张纪录片制作者不应该仅仅满足以旁观者身份去记录现实，而应该公开介入到事件中去挖掘真实，甚至不排除利用刺激因素促成事件的发生。

《夏日记事》作为“真理电影”的开山之作，编导让·鲁什扮演了介入者的身份，全片以一句采访提问“你觉得幸福吗?”来挑动生活，摄影机记录下人们被激发后所表现出的“内心世界的虚构部分”。这里鲁什所说的“内心世界的虚构部分”实际上就是我们通常所指的思想和情感。抽象的思想和情感能否在纪录片中得到真实的反映，一直是纪录片制作者所争论的焦点，对此鲁什谈了自己的观点，认为纪录片具有“揭示我们所有人内心世界中虚构部分的能力，尽管很多人对此表示怀疑，但对我而言这正是一个人的最真实的部分”。

图 3-9 夏日纪事

介入者视角在纪录片中的使用日益广泛，因为它不仅只是再现“现实生活是什么样子的”，而且能够表现“现实生活是如何成为这个样子的”。由此衍生出的节目样式也是多种多样的，比如，电视调查性报道就是一个非常好的采用介入者视角挖掘事实真相的节目样式。中央电视台《新闻调查》根据纪录片《小路》制作了一期调查报道《艾滋病人—小路》，纪录片《小路》采用旁观者视角如实记录了一个艾滋病人生命最后阶段与病魔抗争的过程，观众在这个过程中感受到的是生命的顽强。而《艾滋病人—小路》则是采用介入者视角，对与病人一起经历这种抗争过程的记者涂俏和陈远忠的思想和情感进行了深入的挖掘。

介入者样式的纪录片可广泛使用提问式的采访，能够方便快捷地挖掘事实的真相以及人物的内心世界，特别适合栏目化节目的制作要求。

C. 当事者视角

从当事者视角拍摄的纪录片是风格化很强的一种纪录片样式，这种纪录片多采用第一人称的解说旁白，比如，纪录片《神鹿，我们的神鹿》从鄂温克族一个女画家的视角讲述了她的姥姥、妈妈以及她本人的命运，女画家的真情道白激起了观众的强烈共鸣。或者是大胆运用主观镜头模拟当事者视角，比如，获得四川电视节金熊猫奖的纪录片《英与白》更是创造性地运用大雄猫的主观镜头展现我们人类社会的种种不和谐。

图 3－10　我们的神鹿

图 3－11　英与白

这种风格的纪录片一度被认为丧失了纪录片对客观真实的追求，但是换一种角度去思考会发现，内心独白这种主观性极强的东西恰恰是对被摄者思想和情感的最客观的反映，更容易感染观众的情绪获得成功，当然前提是被摄者面对镜头的讲述是发自内心的。这种做法在报纸媒体上有过成功的尝试，《安顿日记》是《北京青年报》上一个有着自己独特魅力的版面，它通过记者安顿对一个个当事人情感经历的如实笔录，打动了读者的心。而电视纪录片在操作时面临的最大障碍就是当事者必须以真实的身份面对观众，而不能像《安顿日记》那样隐去姓名。这就要求电视工作者用真诚打动当事者，赢得他们的信任，使他们能够勇敢地面对摄影机讲出自己的故事。2004 年笔者在为中国教育电视台制作教师节二十周年特别节目《师说》时就采用了主观视角的叙述方式，二十位教师面对镜头真情讲述教师生涯中的一段经历、一点感悟、一个梦想……

镜号	画面内容	同期声
1		
2		
3	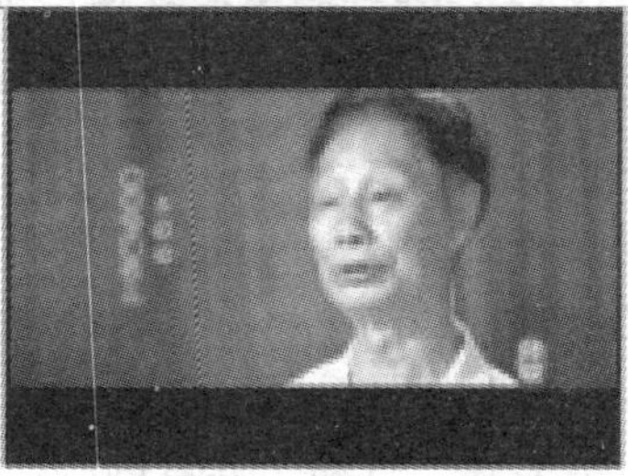	(大学教师王梓坤）教师是阳光底下最光荣的职业。
4	(字幕）她时刻牢记着共和国领袖的嘱托。	

5		(大学教师杨芙清) 教师首先教会学生怎么做人。
6	(字幕) 2004年对她格外不同。	
7		(小学教师曹琛) 这是我过的第一个教师节。
8	黑板下那片讲台，令他们魂牵梦萦。	
9		(小学教师刘新华) 我的梦想就是我一定要做老师。

10		（中学教师刘彭之）我的一生是为做好一名教师。
11		（中学教师张思明）你的人格的力量影响着学生。
12		（幼儿教师马超）让所有孩子从我这儿分享到快乐。

图 3－12

模拟当事者主观视角拍摄的纪录片往往容易激起观众的参与心理，比如，前苏联纪录片《造访纪事》全片运用主观镜头模拟病人的视线，其中看牙医一段效果十分显著，当观众看到牙钻向镜头伸来时不自觉地会联想到自己的补牙经历，进而产生强烈的心理反应。

采用当事者视角制作的纪录片本来不适合栏目化播出的要求，但是一线的电视工作者尝试将其与介入者视角相结合，采用演播室的制作方式创造了诸如中央电视台《讲述》、《新闻会客厅》以及凤凰卫视的《冷暖人生》这样的新的栏目形式，而且因其独特的魅力获得了较高的收视率。

D. 叙事视角的综合运用

随着电视节目播出数量的迅速增加，观众对节目的选择性也越来越强，采用单一视角制作的纪录片在满足观众的审美需求上就显得有些力不从心。今天的电视工作者在实践中往往灵活选用两种以上叙事视角展开叙述，使节目形式能够承载日益复杂的内容。这里要特别介绍一下历史文献纪录片的视角选择。

历史文献纪录片是纪录片工作者运用影视手段对历史事件及人物进行的回述，这种回述的基本要求是尽可能准确地还原历史的本来面目，因而大多以旁观者（请注意：这里特指历史旁观者）视角为主，采用编年体的结构方式，利用解说旁白和经过影视化处理的历史文献资料（包括实物资料、文字资料、图片资料以及影像资料）完成这种回述。在坚持以旁观者方式回述历史的基础上，近年来很多制作者还广泛采访专家学者以介入者视角来审视历史，强化影片的反思力度；或对历史事件当事人进行采访以个人视角来回顾历史，强化影片的情感力量；总之，灵活而多变的视角选择极大地丰富了历史文献纪录片的内容，提高了观众对这一纪录片类型的认可。

第二节　与动作有关

记录在思想支配下的人物动作以及因此而产生的诸种后果是图片和电视新闻摄影师的重要职责，这种动作可以用来刻画人物性格、揭示新闻主题，甚至其本身就是这种记录的缘起。

1. 动作与故事缘起

电影《侏罗纪公园》中有这样一个有趣的情节，太平洋一个小岛上，一只蝴蝶打破常规地多扇动了一次翅膀，在美国西海岸就引起了巨大的海啸。虽然这仅仅是科学幻想，但它给我们的启示确实十分有益，那就是人、动物或事物任何一点细小的动作或运动状态的改变都可能使其与环境之间的平衡发生变化。这种失衡状态及其所引起的情绪反应常常是纪录片工作者记录的缘起。

纪录片《流浪北京》拍摄了五位自由艺术家80年代末在北京的一段生活。五位人物是：写作的张慈、拍照的高波、画画的张大力和张夏平以及戏剧导演牟森。他们或者是放弃在老家的工作来到了北京、或者是在北京完成大学学业后放弃分配留在了北京，途径不一，但目的大致相似，即在北京实现自己的艺术梦想。这部片子的制作人吴文光回忆了自己创作这部纪录片的初衷，1988年4月的一天，在北京靠写作谋生的张慈在她租住的小四合院里告诉吴文光，她准备结婚出国。张慈的对象是个美国人，叫乔治，一头银发，张慈叫他作“我爷爷”。吴文光当时想，与自己有着相似经历的这群自80年代初满怀艺术梦想，抛弃职业户口约束流浪在北京的人或许不久都会以各自的方式结束自己“流浪北京”的历史，自己应该动手拍点东西记录下来。

图3-13　流浪北京

“Discovery Channel”是美国著名的纪录片频道，其中播出的很多纪录片都是以“探索、寻找、发现”这样的活动作为展开故事的缘起，而且形成了一种特有的纪录片类型。比如，Secrets of the Titanic 就是记录探险队对冰海沉船泰坦尼克号的搜寻打捞，搜寻结果的未知因素增加了整个故事的悬念。

2. 动作与主题揭示

战争中最能揭示出人性被泯灭，兽性被张扬的动作是什么？是巡航导弹在几千公里外的杀戮吗？显然不是。为了回答这个问题让我们来看看这两部影片，一部是前苏联电影《这里的黎明静悄悄》,另一部是美国电影《拯救大兵瑞恩》，它们同是战争题材的影片，两位导演虽然来自不同国度且有着截然不同的政治观点，但在影片中却进行了相似的动作设计，就是面对面的肉搏，此时观众看到的是被战争异化而兽性大发的人。可见，精心选择的动作可以准确而深刻地揭示主题。电影导演为了表达自己的创作意图可以精心设计一些动作，电视新闻记者和纪录片编导能不能通过动作来表现作品的主题呢？答案是肯定的，但这种动作必须是记者在现场发现并用摄影机捕捉到的人物真实的动作和行为。比如，辽宁电视台编导高国栋拍摄的纪录片《人·鬼·人》，以其对人性的深刻揭示获得了亚广联最佳纪录片奖。该片讲述了一个日本宪兵的故事，土物芳雄年轻时是一个日本农民，侵华战争爆发后他应征入伍来到了中国东北，在这里他在日本军国主义的教唆下从一个人变成了杀人的魔鬼，后来在中国抚顺战犯管理所他又从魔鬼被教育成了人。怎样反映这种变化？编导只用了两个关键性的问题，一个是“回忆你第一次杀人的经过”，另一个是“回忆你在抚顺战犯管理所被救的经过”，这两个针对动作的提问恰恰揭示出土物芳雄是怎样从人变成魔鬼，又是怎样从魔鬼变成人的。

图 3－14　这里的黎明静悄悄

获奖电视新闻《肖老汉不上访了》通过一个小人物“上访——不上访——重新上访——不再上访”这一波三折的动作，在社会稳定这一背景下，揭示了“要不折不扣地执行党在农村中的各项政策，以保证农村的安定团结”这一重大主题。拍摄《检查团来了！走了!》这条获奖电视新闻的记者，充分利用镜头语言将被检查单位在检查团来之前和走之后的变化记录下来，以对比的手法揭示了形式主义要不得这一主题。《侯家家事》记录了侯德山一家所做的一次艰难抉择，侯家小女儿作为女兵方队的一员要参加45周年国庆阅兵，可这时父亲侯德山正身患癌症需要照顾，家事国事孰轻孰重，通过他们的抉择揭示了先有国家后有小家的道理。

图3－15　侯家家事

3．动作与人物刻画

纪录片《侯家家事》给我们的另一个启示是，通过人们面临压力时所做的抉择，我们可以了解到人物的性格，正如侯家人在面临悲痛时所表现出的坚毅乐观深深地感染了每一位观众，显示出一种超乎理性的情感力量。还以《这里的黎明静悄悄》和《拯救大兵瑞恩》为例，在两场面对面的肉搏中，两位导演不谋而合地选择了一位弱者目睹这场肉搏，前一部片子的弱者是一位女兵，在战友即将被德国士兵杀死的关键时刻，她果敢地用枪托砸死了德国兵，面对压力外表柔弱的女人显示出内心的坚强，迅速成长为一名真正的战士；后一部片子的弱者是一位从来没有杀过人的翻译，眼看着自己的战友即将被敌人杀死，他却选择了逃避。两位弱者面对同样压力时的不同抉择，直接刻画出人物的内在品质。

纪录片中对人物性格的刻画，既可以通过语言的间接描写，也可以用镜头进行直接的展现。冷也夫拍摄的纪录片《女特警雷敏》的第一个镜头就是记者抓拍到的雷敏杀猪，只见三个女兵按住一头猪，中间的女战士挥起杀猪刀，一刀没有扎进猪的身体，再扎还是没进，定格出片名《女特警雷敏》。“杀猪”很多人没有见过，更别说女人杀猪了，这个纪录片以女特警杀猪这个具有奇观效应的动作开头，很好地抓住了观众的眼球，同时也刻画出雷敏大胆泼辣的个性形象。

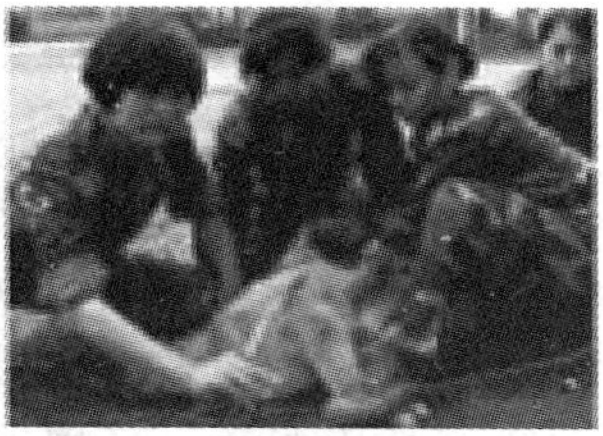

图 3－16　女特警雷敏

第三节　与时间有关

动作中永远隐含着时间的因素，动作的发展和变化意味着时间的流逝，时间作为故事发展的必要元素，是题材选择判断的一个重要标准。

1. 时间的顺序性

时间线性发展的特点使时间顺序概念的重要性被强化了，这种强化体现在时间顺序概念给人们心理造成的那种“仪式感”，比如，“第一次”、“最后”等等这样的一些标志时间顺序的概念，常常成为新闻图片或纪录片的标题，纪录片《第一次上镜》记录了“第一次上镜”带给模特学校小学员的新鲜和刺激以及由此产生的心理失衡和行为失控，而《最后的山神》则敏锐地把握了“最后的萨满”内心的失落。

2. 时间的决定性

图 3－17　《21 岁》

布勒松的“决定性”理论强调了生活中总有一些瞬间和过程能够反映事物发展的本质，激发观众的情感。这种决定性瞬间和过程往往成为题材选择的重点。比如，美国纪实摄影家约翰·坎普兰以图片故事《21 岁》获得了普利策摄影奖，在谈到创作构思时，他说，“我最早对此感兴趣是在我拍摄和报道《罪犯罗德尼》的时候。该报道讲的是一个来自匹兹堡条件最恶劣的贫民窟的 21 岁青年被控谋杀的故事。……在报道罗德尼期间，我意识到一点，那就是在美国，21 岁有可能是我们生活中最具代表性的一个年龄。21 岁，它意味着正式成人，意味着童年时代的最后终结，意味着我们成年生活的开始。我希望将这个报道延伸扩展，去记录美国形形色色的处在这个生活关键点的 21 岁的青年。在美国我们有权做出各式各样的选择，但是选择又是有限的，它取决于学历背景、环境、个人天赋，还有如今美国社会悬殊的两极分化。因此，我们的选择在文化的压力和标准之下的确是有限的。21 岁的时候，生命里的绝大多数的挑战还远未到来，但是我们却要准备启程前行了，不同的路有着令人难以置信的各种可能性。”21 岁成了美国人生命中具有“决定性”的一段生活历程，其间所做的选择甚至能够影响人的一生。

时间是绝对的又是相对的，八分钟的时间相对于人的生命来说只是短暂的一瞬，但是当人面临生死考验的时候，时间仿佛停滞了，八分钟又显得是那样的漫长，纪录片《最长的八分钟》成功地挖掘出普通的银行女出纳此时的心理体验。使时间成为一种特殊的标志，而打上时间烙印的动作不仅是故事逻辑发展的前提，而且也使动作具有了特殊的意义。《婚礼后的诉讼》因为时间的特殊性使得这起本来简单的诉讼被复杂化了，而诉讼本身所引起的争议和过程的曲折更引起了观众的思考。

3．时间的象征性

时间是抽象的，没有人知道它的起点和终点，但所有人都能够感觉到它的流逝。这是 Di Channel 播出的纪录片《认识时间》试图告诉人们的观点。人们常常利用时间的抽象性进行某种象征，比如，50 年的婚姻被称作“金婚”，以此来象征爱的永恒，而这恰恰是纪录片《半个世纪的爱》的主题。

4．时间的标志性

时间的标志性常常与某种动作的发生密切相关，从日常生活来说，生日、结婚纪念日等都是一些具有标志性的时间。从重大事件的角度来看，国庆日、停战纪念日等等，这些标志性时间常常成为新闻摄影师选择题材时思考的重点。比如，在 2001 年 9 月 11 日之前，9 月 11 日是一个再普通不过的时间标记，惟一使它显得特殊的地方是“911”这三个数字与美国的报警电话相同，而这也成为恐怖分子选择这一天发动恐怖袭击的主要原因。“9·11”事件发生后，9 月 11 日再也不普通了，它成为了一个永久的标志性时间。每年的这个时间都会有很多的媒体制作一些节目进行纪念，ABC 制作的《“9·11”的孩子们》，CBS 制作的《“9·11”的灾难》等等。

图 3－18“9·11”事件

第四节　与空间有关

时间的流逝意味着变化，而变化作为故事发展的动因，需要依托于空间。空间作为故事的重要元素也是题材选择时考虑的重点，切入点往往利用空间的特殊性、象征性等等，这一点对新闻摄影和纪录片都是适用的。

1．空间的特殊性

随着自然和社会环境的变迁，一些地方的地域特色日渐突出，形成一种独特的空间存在，并影响着生活于其间的人们的生存状态，使他们具有了与众不同的生活方式。福建土楼的奇特建筑风格令世界的建筑界都叹为观止，世世代代的客家人就在这种独特的建筑中繁衍生息，即使在社会观念剧烈变化的今天，土楼中居住的客家人仍然固守着传统的生活方式。是什么使这种家族式的紧密联系得以维系呢？孙曾田导演的纪录片《祖屋》就探讨了特殊环境对人与人之间的行为方式和道德准则的影响。唐人街是指海外华人集中居住的社区，遍布世界各地，唐人街是特殊的，它的特殊性体现在它的神秘上，首先对于当地的外国人来说它很中国化，中国文化的博大精深充满了神秘色彩，其次对于中国的观众来说它又充满了异国情调，具有很高的吸引力。凤凰卫视开设了一个周播栏目《唐人街》，将镜头对准了唐人街这个特殊的地方，试图揭开它们神秘的面纱，让中国观众看看生活在唐人街上的海外华人普通而又不寻常的故事。八廓南街十六号一个普普通通的门牌号，里面是八廓街居委会的办公地，但是因为它位于西藏拉萨而显得有些特殊，恰恰是这一点吸引了段锦川的注意，才有了纪录片《八廓南街十六号》。

从空间特殊性出发寻找题材是拓宽报道内容的一个重要途径，比如，Discovery Channel 对苏格兰格拉姆斯城堡神秘的历史传说的追述，中央电视台《探索·发现》栏目对湖北曾侯乙墓的发掘等等。

2．空间的象征性

空间具有强烈的象征色彩，这一点毋庸置疑，尤其是一些历史事件的发生地，就像一个符号，要么具有强烈的政治色彩，比如，天安门就是中华人民共和国的象征，要么具有强烈的宗教色彩，比如，麦加作为伊斯兰教的圣地受到全世界穆斯林的朝拜。八集纪录片《天安门》以天安门的象征意义作为贯穿全片的线索，从当事者视角透视了中国 20 世纪的历史与现实。

图 3－19　望长城

3．空间的历史性

以今天的视角审视人类过去活动的空间留存是题材选择的重要方式，这种类型的纪录片很多，比如中央电视台制作的《丝绸之路》、《话说运河》、《望长城》等等。

第五节　与事物有关

从事物角度出发进行的题材选择是很普遍的，有些事物本身就足以引起人们的广泛兴趣，成为摄影机关注的焦点是很自然的，有些事物因为其所有者的缘故而成为了讲述故事的重要线索，还有些事物因为其内在的寓意和象征性而成为摄影者表达自己思想的载体。

1．事物与科学探索

科学探索是纪录片的重要任务之一，而科学探索的重点又是自然和人造的各种事物的神秘的成因和奇特的构造。比如，纪录片《神秘的麦田怪圈》就是以在美国、德国等十几个国家的麦田中发现的神秘图案为拍摄对象，试图找出形成这种怪圈的可能原因。又比如，《摩天大楼》以马来西亚首都吉隆坡著名的双塔为研究对象，精确而科学地研究了摩天大楼的构造以及与人们日常生活的关系。

2．事物与故事线索

有些事物因为与其拥有者之间的一段特殊联系而成为故事的线索。比如，日本纪录片《父亲从战场上的来信》讲述了一个美军士兵和一个日本阵亡士兵的家属之间的故事，故事的线索就是1944年美军士兵卡尔在缅甸战场上拾到的一捆家信，这些信是秋叶太太和女儿惠子写给远在缅甸作战的亲人的。因为这些信，战胜国的士兵卡尔与战败国士兵的遗孀秋叶太太和女儿秋叶惠子开始了长达半个世纪的友谊，日本电视工作者围绕这些来信讲述了他们的故事。南京电视台制作的八集纪录片《血脉》讲述了海峡两岸中国人的血浓于水的骨肉亲情。

3．事物与隐喻象征

2003年获奥斯卡最佳纪录片奖的《科伦拜恩的保龄》由美国科伦拜恩中学发生的一起学生持枪杀人案为由头，探讨了美国恶性枪杀案件频繁的深层的社会原因。由于美国国民卫队射击训练时把枪靶戏称为保龄，所以在这里导演把那些无辜的受害者喻为保龄，也就是枪靶。

图3－20　科伦拜恩的保龄

利用事物的隐喻象征来表现创作者对现实世界的思考是纪录片创作中一个常用的手法，记录电影大师伊文思在其最后一部作品中对自己的一生做个总结，拍摄什么最能表现这个"飞翔的荷兰人"的一生呢？《风的故事》，也只有风才是对大师一生的最好概括，大师经过反复思考后的最终的选择就是用摄影机拍摄风的故事。

第六节　与声音有关

图3－21

电视广告《联通CDMA手机》中我们可以看出，这个广告的创意重点在于突出CDMA手机独特的和弦铃声带给人的逼真感受，其思维是从声音角度展开的联想。由这条广告的成功我们不难看出声音在电视表意系统中的独特表现力，这也决定了电视新闻和纪录片工作者进行题材选择时应该把人和事物所独有的声音形象列为所要考虑的重点。获奖电视新闻《代表民心的四次掌声》就抓住了八届人大一次会议开幕式上的一段有代表性的同期音响做文章，充分发挥了声音的表情达意作用。这条新闻的采制过程也是很有启发性的。记者林键回忆说，"1993年3月15日，八届全国人大一次会议的开幕式，仿佛就是昨天的事情。"那一天，会议在李鹏总理那舒缓平稳的语调中已进行了一个多小时，报告开始进入外交工作部分，这标志着整个政府工作报告已进入尾声。

突然，李鹏总理的声调在稍微停顿了一下以后，异乎寻常地激昂起来。3月初，英国港督彭定康提出了第一份‘政改方案’，破坏了中英香港问题谈判的基础。3月15日前，中国政府还一直没有就此明确表明立场。李鹏总理在《政府工作报告》中第一次明确表明了中国政府的严正立场。

我曾在各种场合多次听到过李鹏总理的讲话，从来是舒缓平稳的语调。但他在这段不到400字的讲话中，措辞严正激烈，情绪异常激动，迅速感染了全场代表，代表们情绪激昂，掌声雷动。从整个会场的情景看，中国政府的立场得到了代表12亿中国人民的人民代表的衷心支持。

我还看到，转播车上技术、音响等各工种的注意力迅速集中，密切注视着仪器表盘的运行情况，一直坐在一旁督战的沈纪副台长瞪起了眼睛，一边向切换导演陈征指示镜头，一边通过对讲机向场内指挥李东生、孙玉胜口授机宜。

通过监视器我看到，除了一号机位仍是李鹏总理的近景外，其余三个机位正在迅速调整。转播车的扩音器里不断传来现场指挥尽量压低的声音：‘快对准台下，抓拍鼓掌镜头！’‘注意台上的反应，别丢了镜头！’

在不到三分钟的时间里，掌声四次响起，持久而热烈，充分显示了代表们对中国政府在中英香港问题上所持严正立场的坚决支持！在开幕式结束后的随机采访中，我发现代表们对李鹏总理的这段讲话有着极深的印象。

当天下午5：20左右，我和新闻中心主任李东生谈及上午开幕式的情景，他说，“李鹏总理关于香港问题的讲话是一个极好的新闻素材，应该单独提出来搞条新闻。随后，他在向杨伟光台长、沈纪副台长报告后，让我马上就此编一条新闻。我想，最能反映当时情景、最能引起人们共鸣的莫过于实况录像。我决定用最少的篇幅介绍背景，其余全部用同期音像，不做任何修饰。”

电视新闻和纪录片的题材选择需要考虑的因素很多，概括起来就是上面所谈及的六大要素，为了使大家更准确清晰地掌握题材选择的思考方法，对他们在题材选择中的作用进行了逐一描述，但在实践中更多的是综合考虑以上诸要素进而做出题材选择。

影像实验一：对主持人的选择

在2004年台湾所谓的总统选举之前，凤凰卫视推出的系列纪录片《权心权意》——台湾政变17年，请你设计一个合适的主持人并写出策划方案。

董嘉耀（凤凰卫视“时事直通车”主持人）

窦文涛（凤凰卫视“锵锵三人行”主持人）

李　敖（中国台湾作家）

吴小莉（“小莉看世界”主持人）

作品背后的故事一：访第45届世界新闻摄影比赛年度最佳世界新闻奖得主

埃里克·雷夫纳

图3－22

埃里克·雷夫纳，1971年生于丹麦哥本哈根。90年代初期曾在丹麦军队担任军官，曾为丹麦国家队五项全能运动员，后改行为一名职业时装摄影师当助手。1998年，入丹麦新闻学校学习新闻摄影。

问：你怎么开始涉足摄影的？

答：我过去是丹麦国家队的专业运动员。在我有了想法改行从事摄影工作的一天，我去看望一位搞时装摄影的朋友，他说想找一名助手，我就主动请缨，于是第二天就开始了工作。18个月后，我在摄影技术方面打下了一定的基础。拍摄技术更成熟后，我就可以专心创作了。

问：改行当新闻摄影记者是你深思熟虑后的选择吗？

答：开始阅读关于新闻摄影的书籍后，新闻摄影渐渐深入我的内心。那些不需要影室的各种设备，没有灯具或模特儿，在稍纵即逝的瞬间抓取到的影像让我吃惊。这种挑战性吸引了我，我知道这就是我想做的。为了进入丹麦新闻学校学习，我得通过全天的考试，从早上7点到下午5点，其中包括完成4个小时的摄影作业。新闻摄影已经成为我生命中的目标，我花了一年的时间来准备这次考试。1998年9月，我开始了在丹麦新闻学校的学习，希望在今年夏天完成学业。

问：是什么让你觉得自己适合做一名新闻摄影记者？

答：首先，我想把我对社会各方面所感兴趣的事情反映出来；其次，对于所从事的职业，我有一个个人的承诺，那就是一旦我选择对了，我就会尽全力去得到我所想要的。最后，我有去承担许多艰难任务的准备。

问：你是怎么工作的？

答：我喜欢独自工作，进行自己的探索，写自己的故事。我工作的方式就是进行彻底的探索。在我开始拍摄前，我会对所要拍摄的图片故事的背景做一个清楚地了解，这样一来就会知道自己下一步要做什么，才能集中思路。我的方式是全力以赴，尽管这样一来时常让人觉得耗尽精力，但结果是让人满意的。

问：是什么激起了你对阿富汗的兴趣？

答：当我在《贝林时报》实习时，丹麦国内关于如何处理难民问题的争论在激烈展开。我对政治很感兴趣，我发现世界上1/4的难民都来自阿富汗。在我向编辑申请经费之前，我花了一个月的时间研究阿富汗的难民问题，并收集各种讨论的意见。之后，我很轻易地就说服了编辑。

问：你是在什么情况下拍摄到了获奖照片的？

答：在我拍摄哥伦比亚的艾滋病患者这一专题时，就与“无疆界医生”组织建立了良好的工作关系。在巴基斯坦，我又与他们取得了联系。他们警告我天黑之后不要走进难民营，于是我请我的翻译在晚上帮我收集信息。

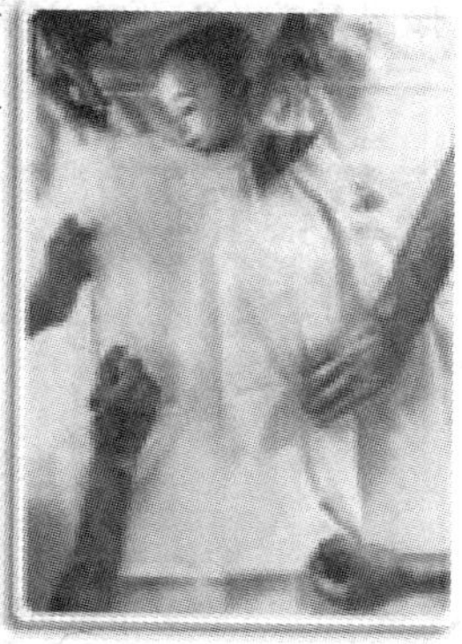

图 3－23

阿富汗北方联盟和塔利班如火如荼的战争和 30 多年来最严重的旱灾使许多阿富汗人背井离乡、流离失所。当一批新难民到来时，我的翻译告诉我，一户人家正在为一位因脱水而死的孩子筹备裹尸布和墓石。于是我前去表示了哀悼，孩子父亲允许我在他们为孩子准备葬礼时拍摄一些照片，当时的情形真的很紧张，因为在那种状态下，人的精神非常敏感和纤弱。我和他们一起祈祷，非常小心的不去触动他们的伤痛。

问：对于下一个要拍的主题，你有什么想法了吗？

答：我开始研究一个逃避社会的人的团体，他们开着老式美国车在瑞典环游。他们的时间主要用于聚会、听摇滚乐、酗酒。我将和他们一起生活一段时间。不过我也愿意接受其他拍摄任务。我不希望人们认为我获取大奖后，就在制造一些奢侈品。从 5 月份开始，我与其他 7 位自由摄影师一起共享一个影室，我们的工作遵循的是不同的规律，这样大家可以互相学习。

问：你会一直从事这个职业？

答：很难说，我的摄影师生涯还刚开始。我热爱这个工作，现在，我觉得我想在余生都做这个工作，但将来会怎样就不知道了。

（引自《摄影世界》，第 38 页，新华社摄影部主办）

作品欣赏一：《艾滋病村的故事》

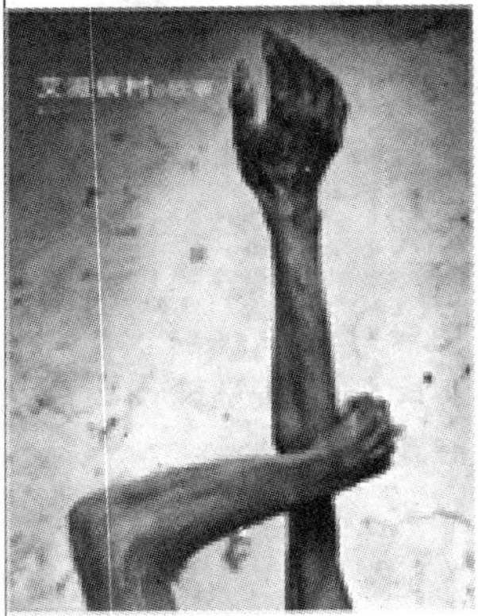

1. 一双绝望的手。（上图）

《艾滋病村的故事》

2001 年 11 月，一个八岁患艾滋病的孩子，被父亲背着来到北京医治。通过他我了解到他的家乡有很多艾滋病人。可是社会上却很少报道。实情被当地一些想隐瞒真相的人卡住了。

几天以后，我踏入了中原的一个艾滋病村落。对于瘟疫的恐惧，深深地震慑了我的灵魂。

进村拍摄不是一件容易的事。村民对于患病绝口不提。终于一个父母均死的艾滋病孤儿带我走进了第一个艾滋病村。

在这里，艾滋病的产生并非由于性传播，而是因为贫穷。这些村落的农民都因过度的贫穷而被迫卖血。而当地的一些官员、不法分子却利用他们的贫穷采血牟取暴利。

至今因卖血感染艾滋病的人已不知多少。在最严重的村落感染者达人口的 40%左右。大部分都在 25－60 岁左右。父母的死亡更遗留下很多孤儿无人照顾。

我在过去两年一共去了这些村落 20 多次，克服不知多少阻挠。随着我对艾滋病这个专题的不断深入采访，我逐渐成为了村民们专职的死亡拍摄师。无数个深夜，一通通电话将我呼唤到死亡的现场。

2. 现在已进入发病期，有大批的艾滋病人死去，阡陌上送葬的人数越来越少。(上图)	3. 艾滋病死亡在夫妻之间并非永久分离那一刹那的不舍。当中经历的却是更难承受的长期恐惧和痛苦的折磨。(上图)	4. 艾滋孤儿学前班。(上图)
	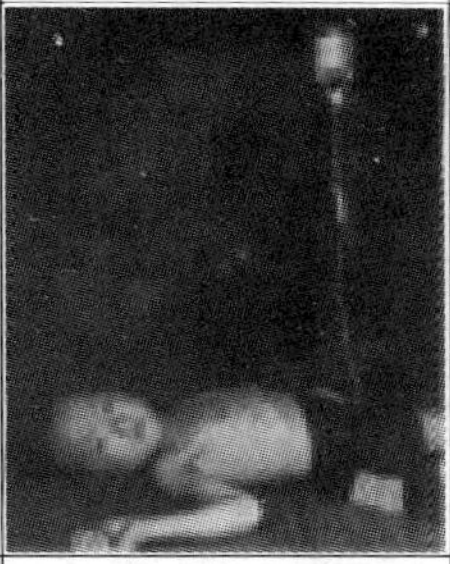	
5. 对于一贫如洗的农民来说，艾滋病是苦难中再加上绝望，除了接受，只有接受。(上图)	6. 周毛因母婴感染，出生就携带艾滋病毒，2002 年夏天五岁的他开始发病。(上图)	7. 因父母感染艾滋病，在 1996 年以后出生的孩子有很多感染艾滋病毒。在这些孩子中有很多已经被确认是 HIV 携带者。(上图)
	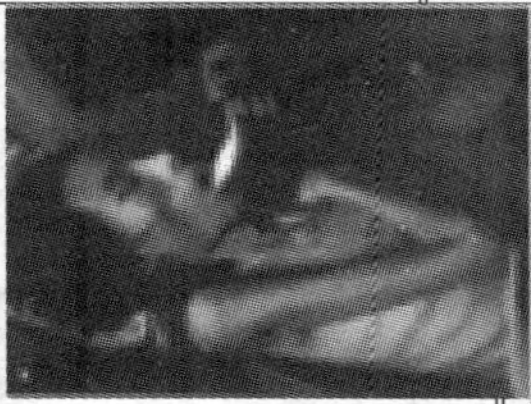	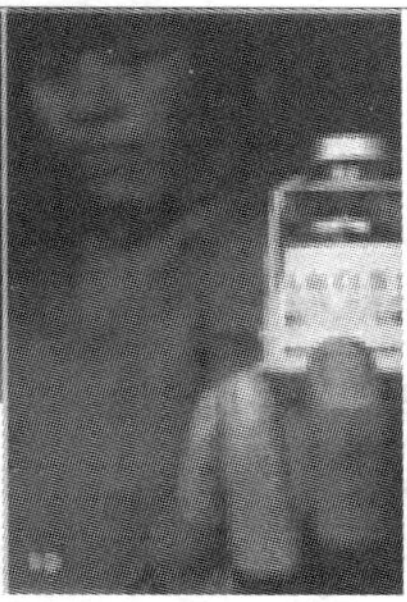

8．为了节省药费，周毛买药都是批量的买，自己配药自己打针。（上图）	9．齐贵华32岁，常年在外打工，回家过春节后发病，没想到坚持不到半年。当摄影师拍完这张照片离开后两个小时她离开了人世。(上图)	10．这就是用农民廉价的血液制成的“人血白蛋白”，不法分子为了牟取暴利造成了很多人感染艾滋病毒，现在农民又花高价买来给艾滋病人延长生命。(上图)
	（引自《摄影之友》，2003年第3期22页，图文：卢广）	
11．高容生，13岁，父母双亡。(上图)		

图3－24

作品欣赏二：《姐姐》

分析：

(1) 人物选择的灵活性：

这个纪录片原本不是拍摄这对孪生姐弟的，而是一个电视台的命题作文拍摄姐弟俩的爸爸——一个模范警察。可是在拍摄过程中制作者发现了这对有趣的姐弟，顺带就完成了这个命题作文的“副产品”，而且获了全国奖。关于这一点，从片中警察妻子的话不难看出，儿子问妈妈，今天为什么做这么多菜，妈妈答，今天家里来客人了，儿子不解地问，谁是客人？妈妈话里有话地说，你不知道谁是客人啊？你爸爸天天不回家，不是客人吗？这一段其实是妻子在夸自己的丈夫一心扑在工作上。这种情况在实际的采访拍摄中很普遍，为了使镜头不漏掉有价值的人和事，制作者必须以开放的心态敏锐地捕捉现实生活中一切有趣的人和事，甚至包括与采访目的不甚相关的。

(2) 在不违反生活真实的前提下，对人物进行适当调度：

这个片子主体内容的拍摄都集中在警察一家人在晚饭前后几个小时的时间里发生的故事。假如没有适当的调度的话，很难实现这么集中的拍摄取材，请看片中的这一段，警察妻子打电话给丈夫希望他能带儿子去看甲A足球比赛，丈夫说没有时间，然后妻子就带着两个孩子去逛街。这时制作者显然采取措施使丈夫回家等待他们回来并亲自下厨做饭。原因是必须给拍摄对象创造一个能够展开故事的空间，警察回家，四口人才能在一起展开故事。

作品欣赏三：《丢丢的家在哪里》

1997年，被解救出来的丢丢在医院治疗时，其母郭立芹面对着被吸毒者摧残得血肉模糊的孩子，竟显出一副无动于衷的样子。(见图3－25)

1999年，在河南女子劳教所接受改造的郭立芹与丢丢相见时，曾泪流满面地表示，出去后一定要在家乡好好的带大自己的孩子。(见图3－26)

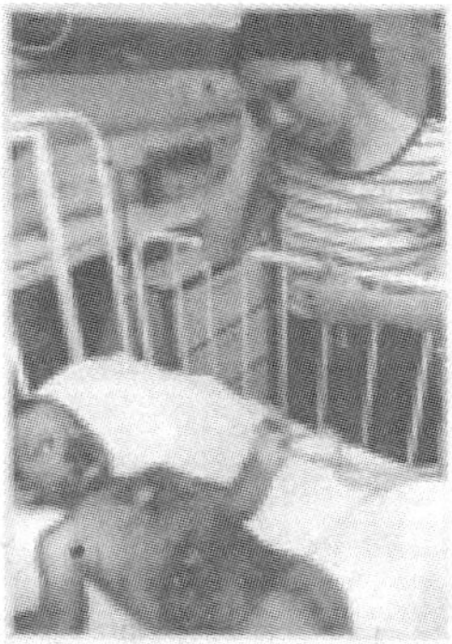

图3－25

2004年5月17日，郭立芹再次因吸毒被北京警方拘留。此时的她，与刚从劳教所出来时的她判若两人。当记者问及丢丢的抚养权时，郭立芹表示，孩子是她的，谁也别想夺走！当记者质疑她作为母亲的责任时，她则无言以对。(见图3－27)

丢丢在大山里的家。(见图 3－28)

图 3－26

丢丢最开心的是上学，即使舅舅在 4 年里只给丢丢缴过 200 元学费，乡村小学的老师们还是收留了丢丢。由于买不起教科书，他全靠在教室听课记住所学内容。即便如此，丢丢的学习成绩还是不错，有时候，别的同学解不出的算术题，还要找他帮忙。老师认为他聪明，领悟力强。

图为丢丢在课堂上按唐诗《独坐敬亭山》的意境，画了一幅充满儿童想像力的画。(见图 3－29)

图 3－27

4 月 8 日，正逢丢丢 10 岁的生日。他从外面拾来柴火，亲自动手，给自己炒了一碗猪油米饭，算是对自己生日的祝福（见图 3－30)

图 3－28

今天已经 10 岁的丢丢变得沉默忧郁，孩子对于母亲的渴望似乎已成为遥不可及的梦。

《丢丢的故事》始于 1997 年夏天，北京警方从吸毒者手中解救出年仅 3 岁的丢丢。他被身染毒瘾的亲生母亲郭立芹当作所欠毒资的抵押品，给了 3 名吸毒者，遭受到了非人的摧残。事发后，郭立芹，这名从河南信阳山区农村到京打工、将丢丢推入深渊的母亲，被劳动教养两年。

《南方周末》刊出有关部门报道后，引起社会强烈反响。1998年，这组报道在全国禁毒展中展出，丢丢的命运再次引起人们广泛的关注。很多好心人表示要收养这个无家可归的孩子，但因郭立芹的坚决反对而作罢。康复后的丢丢回到母亲老家，由当地民政部门代养。

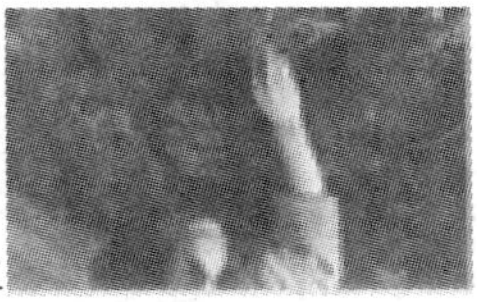

图 3－29

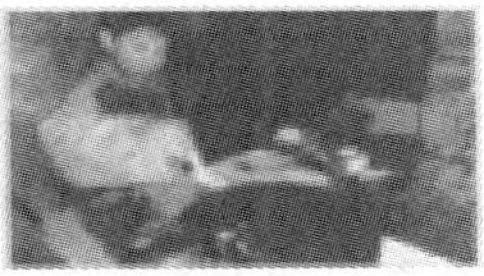

图 3－30

1999年4月8日，丢丢5岁生日这天，河南省女子劳教所为丢丢和即将解教的郭立芹举办了一个特殊的生日，母子二人分离两年后重新团聚。记者做了《归来的母爱》的

图 3－31

后续报道并再次在《南方周末》等媒体上发表。作为一名亲眼见证丢丢全部苦难的记者，和所有关心他的人一样，期待他能有一个全新的未来。

然而，今年3月10日，一个来自于大山里的电话却粉碎了这美好的愿望。丢丢的舅舅说：丢丢已被他妈妈扔在这儿快4年了，家里太穷，他不想再被丢丢拖累，问记者是否能给他找个人家。

带着疑问，记者于4月5日踏上去河南信阳的火车。在5年前丢丢与记者挥手告别的旧屋里，记者见到已经10岁的孩子。他长高了，也瘦了，而那忧郁的目光，仿佛告诉记者曾经发生的一切……

1999年4月，就在丢丢母亲回到山村后的第3天，曾经发誓说要在家乡好好带孩子的郭立芹再也呆不下去了。想要找回从前生活的她带着丢丢回到北京，在城市的某个角落里租了一间平房度日。丢丢回忆到，妈妈大多在晚间上班，直到第二天早上才回来。晚上是丢丢最不愿过的，空空的屋子令他害怕，噩梦总是在黑夜里伴随着他。

但这样的生活维持不到5个月。1999年9月底，郭立芹将丢丢交给了信阳一个做生意的远房亲戚。2000年8月，丢丢又被送回山村，与舅舅、姥姥生活，在此后的4年中，郭立芹只回来过两次。

丢丢家很贫困，孩子总是吃了上顿没下顿，一个月吃不上肉是常事。丢丢的姥姥精神不太正常，经常骂他，还和他抢东西吃。

丢丢学会了洗衣、做饭、生农家土灶，独自走漆黑的山路去上学或打柴。他很少向别人提起自己的妈妈，却总爱守在电话旁边，因为妈妈曾从北京打电话给他。他害怕写关于家庭描述的作文，“我的爸爸”或“我的妈妈”一类的题目总会令他不知所措。丢丢在家经常沉默不语，尤其是舅舅每每提起关于趁早将他送人的话题时。

当记者带着丢丢来到信阳市平桥区民政局要求解决收养问题时，工作人员解释道，根据我国收养法规定，“收养人收养与送养人送养，须双方自愿”，因丢丢的母亲健在，送养丢丢须征得其母亲的同意，否则孩子将不能被他人收养。4年前一些海内外有爱心的人曾纷纷表示收养丢丢，却遭到郭立芹阻挠。丢丢也无法进入孤儿院，因为他有母亲。现在，摆在人们面前的似乎是一道无解的难题。不知道丢丢的悲剧何时才能结束？谁又能给他一个完整的家？

在丢丢的记忆中，妈妈曾从北京给他打过电话，还给他寄来一顶红色的圣诞老人帽，这是身处大山里的他所为之快乐的东西。(见图 3－31)

(引自《南方周末》，2004 年 5 月 20 日，摄影报道：居杨)

第四章　电视新闻与纪实节目的现场取材

第一节　现场选择

在新闻事件发生的现场实施采访和摄影。在采摄的过程中，一方面要求编导在充分了解报道意图的基础上，根据前期策划阶段所决定的拍摄计划，准确恰当地选择反映主题的人物、事物以及动作和变化等等进行记录，另一方面由于现实情况的复杂和多变，需要编导灵活地调整拍摄计划，及时地捕捉新的线索，使主题的表现更加丰富和深化。

一、现场对人物的选择记录要注意：

1．体现报道主题

在前期策划阶段，编导和摄影记者往往对一个报道的主题有了一个大致明确的思考，并且对计划拍摄的人物故事有了一个初步的设想，这是十分必要而有效的。然而现实生活是流动的，在现场的采摄过程中，计划拍摄的人物也许无法实施采访，或者记者通过进一步采访又掌握了新的故事线索，这些都要求记者能够灵活地调整原有的拍摄计划，以便更贴切地表现报道主题。比如，2003 年笔者在为国务院台办制作大型理论文献纪录片《中国台湾问题》时就遇到了相似的情况，怎样形象而生动地反映中国共产党对台战略的转变，最初的设想是通过福建前线广播电台名称的演变过程来反映，但在实际的采访过程中又发现了更好的线索，就是福建前线电台第一位女播音员陈菲菲的故事，计划调整后得到的效果比原有的设想更加生动贴切了。

（字幕：2003 年 8 月，海峡之声电台）

（解说）2003 年的盛夏，“海峡之声”电台的两个年轻的主持人，正在直播室里向海峡对岸的台湾同胞介绍大陆最新的经济资讯。

50 年前，与他们同样年轻的陈菲菲，也是在一个盛夏坐在同样的话筒前，不过当年广播电台的名字远没有今天这么浪漫，而是充满了战争的气息——福建前线广播电台。

[同期声采访陈菲菲]

50 年代播的内容主要是很多政策稿，都是叫他们投城过来。当时有什么五条保证奖励规定。我大概记得有：不打、不骂、不侮辱、不没收私人财物，回来以后要安排工作；当时讲的如果带着手枪奖励 50 元人民币，如果驾机起义是多少万两黄金。从 79 年《告台湾同胞书》以后，整个海峡两岸的气氛就比较缓和了，不像过去那样枪对枪、炮对炮、广播对广播。

2. 开掘新的故事

当然也有一些极端的例子，甚至原有的报道主题已经不符合现实的情况，需要及时调整，或者是出现了更有新意的主题选择。比如，纪录片《姐姐》的编导接受了领导派给的拍摄任务，拍摄一个模范警察。在拍摄的过程中，编导发现警察的一对孪生子女和父母之间的日常生活更加有趣，就掉转镜头拍摄了反映独生子女教育这一更具普遍性的主题。

图 4－1

二、现场对动作的选择记录要注意：

1. 发现动作细节

动作是人物思想和情感的外化。一个生动的动作细节，其感染力常常是言语所不能替代的。能否及时发现，甚至是预测人物的动作细节，是衡量一个新闻摄影记者称职与否的重要标准。上海电视台编导王蔚制作的纪录片《重逢的日子》中有这样一个细节，台湾退伍老兵回上海探望结发妻子，才发现妻子为了养活他的儿子已经再婚。在为他接风的家宴上，记者问他的小孙女“爷爷回家后家里发生了哪些变化”？小孙女回答“家里的小菜比平时多了。”听到孩子的回答，全家人都笑了起来。此时惟独一个人流下了伤感的泪水，摄像记者哈兆铮敏锐地发现并记录下台湾老兵用手绢擦眼泪的动作，而这一动作细节非常准确地反映出老兵此时此刻复杂的内心感受。又比如，《生活空间》播出的纪录片《走索艺人》其题材选择是基于人物所进行的特殊动作，而现场拍摄记录的人物动作又淋漓尽致地展现了人物的想法和态度。在四川的大山里有两个樵夫，他们从小一块打柴，情同手足。在几十年的打柴生涯中，他们练就了一个绝活，可以在两山之间的铁索上自如行走。改革开放之后，两个人想将这身绝活商品化一下，就将山下围了起来，游客想看走索表演必须买门票。《生活空间》的记者想通过对他们的拍摄，反映改革开放对普通百姓思想观念的影响。在现场，记者拍摄了这样两个摇镜头，第一个摇镜头起幅是老二在铁索上表演，下面是万丈深渊，惊险无比，画面外传来阵阵尖叫声，镜头循着声音摇过去，只见游客在惊叹的同时为表演者捏着一把汗，镜头没有停，接着往下摇，落幅是一张八仙桌旁，老大正专心地点着门票的收入。第二个摇镜头起幅是老大在铁索上表演，难度更高，画面外的尖叫声更大了，镜头循着声音摇过去，很多游客捂着脸不敢再看，镜头没有停，接着往下摇，落幅是一张八仙桌旁，老大的妻子正和另外三个男的在搓麻将。两个摇镜头，记录下三个人在同一时空中不同的动作，深刻揭示出市场经济中人物的思想观念，有一定的普遍性。

2. 刻画人物个性

对人物动作的镜头描述不仅有助于揭示人物内心情感和思

想，而且能够形象生动地刻画人物个性。纪录片《芝麻酱还得慢慢调》真实完整地记录了影片主人公调芝麻酱的动作过程，当老人拿起放大镜检查过后，满意地说“出油了”。观众看罢无不发出善意的笑声，老人那种凡事较真的个性给观众留下了深刻的印象。再有纪录片《姐姐》中，姐姐想看动画片的愿望未能得到父母的满足，就躺到地上打滚，要故意把毛衣弄脏。孩子天性的流露让观众忍俊不禁。

图 4－2

3．把握情绪发展

在新闻事件的现场对人物动作的记录，需要编导者很好地把握被摄对象情绪的变化，这样才能对人物动作有比较准确的预见能力，进而保证现场取材的成功。纪录片《游牧》中有这样一个段落，老牧人的儿子十四岁了，按照穆斯林的传统需要施行成人礼。在成人礼的实施过程中，亲人必须杀一匹马。老牧人与自己养的马之间有着深厚的情感，他不忍亲自动手，摄影记者观察到这种情绪的变化，在其他人按住马准备开枪的瞬间，富有预见性地将镜头对准老牧人的脸，枪声响起，镜头准确地记录下老人甩头过程中泪花飞洒的细节。

三、现场对事物的选择记录要注意：

1．情感载体作用

当自然或人为的事物和人建立起某种特殊联系后，常常被用来借物传情，比如，伴侣之间以玫瑰表达爱情，此时，玫瑰就成了情感的载体。可以说，寓情于物是文学艺术作品最常用的一种表现手段，而在新闻和纪录片中如果运用得当同样是非常有效的。例如，电视纪录片《家在我心中》有这样一个段落，女儿考上了美国纽约大学，途经日本东京看望自己分别了八年的父亲。为了给女儿凑足学费，八年来父亲在日本辛苦工作。父女相见后，父亲送给女儿的惟一礼物就是一本记录了自己在异国他乡八年打工生涯的日记，八年的陌生在一瞬间冰释。

2. 隐喻象征作用

隐喻象征在电视纪录片中运用最多的是以物喻人的拟人化手法。比如，北京电视台《七日七频道》栏目播出的纪录片《老伴》就采用了拟人化的手法，这里的"老伴"是一棵树龄八十年的枣树，九十五岁的李奶奶八十年前结婚时与丈夫栽下了这棵枣树，十多年前丈夫去世了，这棵树就成了李奶奶的"老伴"，成了老人晚年的寄托。在电视纪录片中自然界的一些事物如风、雨、雾、雪等等常常被用来表达一些抽象的概念、思想和感情。比如，伊文斯的《风》就是通过对风的描述来表现一个九十高龄的老人对自己一生艺术追求的总结，这里风就成了一种象征物。

图 4－3 《老伴》

3. 反映时代特征

很多人为的事物尤其是与社会生产关系紧密相关的事物，常常被打上时代的烙印，成为某个时代的标志性符号。比如，80年代刚刚富裕起来的中国人常常把手表、缝纫机、自行车叫做"老三大件"，把彩电、冰箱、洗衣机称做"新三大件"，后来随着社会经济的发展，"三大件"又变成了电脑、汽车和房子，"三大件"内容的变化从某种程度上反映了时代的变迁。又比如，当你看到毛主席像章时，最容易联想到的是史无前例的“文化大革命”，李晓斌在拍摄纪实摄影作品《上访者》时，就是被上访者身上别着的几枚硕大的毛主席像章所触动，按动快门凝结了这一永恒的历史形象。再比如，当你在中国革命历史博物馆看到一张发黄的土地证时，联想到的是解放初期轰轰烈烈的土地改革运动。笔者在拍摄制作大型历史文献纪录片《潮涌东方》时，就是从这张发黄的土地证切入，追述了年前那场暴风骤雨式的改革。

图 4－4　《风》

4. 线索结构作用

有些情况下，某些特殊的事物本身充满了悬念色彩，往往能够担负起结构线索作用。比如，南京电视台在制作纪录片《血脉》时，就利用一把被缴获的日本军刀担当了结构影片的线索。这把军刀是摄制组在台北的抗战纪念馆中发现的，军刀上的铭文写着：南京役杀 107 人。这个数字引起了摄制组的极大兴趣，因为二战结束后，审判处死的两个在南京进行杀人比赛的战犯，一个杀了 102 人，一个杀了 101 人，现在又出了一个杀 107 人的军刀，这中间到底有什么蹊跷呢？摄制组开始了寻找军刀主人的工作，他们找到了军刀捐献者国民党退役中将魏秉文先生的后代，寻根溯源又在四川省找到了军刀的缴获者，终于使真相大白，为控诉日本军国主义的暴行找到了新的罪证。镜头在不断的寻找中为我们揭开了一个个悬念背后的故事，此时的军刀成为了贯穿影片的重要线索。

四、现场对时间的选择记录要注意：

1．时间过程的信息量

电视观众在看电视的时候经常会有这样的评价，这个片子节奏缓慢、拖沓冗长。原因何在？镜头信息量少，使观众欣赏过程中的心理时间远远超过镜头的延续时间。改进措施就是要在镜头的时间延续中不断以新鲜的、不可预知的信息刺激观众，维持他们的注意力。这就要求摄影记者在动态的取材过程中，注意营造悬念，以保证观众的收视兴趣。

2．标志性时间的内涵

有一些时间具有强烈的标志性，它能够清晰地划分出不间断时间延续中的段落感，比如，“建国日”、“结婚纪念日”等等。比如，大型历史文献纪录片《新中国》就是在建国50周年来临之际推出的全景式反映新中国社会经济文化等方方面面发展变化的影片。又比如，中央电视台《艺术人生》推出的《刘欢——60年代生人》就是对时间概念的一种强调，还有像“六一儿童节”、“情人节”、“金婚”等等，这些时间概念也经常被电视节目制作者借用而大做文章。比如，中央电视台《艺术人生》的“六一”特别节目就采访了方超、金铭和祝新运，三个人生不交叉但是有共同经验的童星。又比如，郑鸣拍摄的纪录片《半个世纪的爱》通过十几对金婚夫妇50年相濡以沫的人生经历让观众体验到爱的永恒。

五、现场对空间的选择记录要注意：

1．增加信息含量

人的活动空间不仅能够反映他的个性、爱好，甚至是更深层的一些信息。新闻摄影记者到达现场后的首要工作就是选择一个恰当的采访空间，以增加新闻信息量。也有些时候，记者的很多采访问题都是有感于环境而即兴提出的。比如，纪录片《四海为家》中，导演吴文光和画家高波坐在公共汽车上，当车经过卢浮宫时，高波对吴文光说“这里是艺术家的圣殿”，吴问高波，“去过吗”，高回答“没有，来法国六年没去过”。吴问“为什么?”高回答“进去干什么？不去。”此时，导演的提问就是受空间的刺激而产生的，同时空间又使他们之间的对话更加富有韵味。高波是一个画家，来法国是为了艺术，可六年时间里，更多的是为了生计而奔波，所做的事与艺术无关，即使进了卢浮宫又有什么意义呢?

图 4－5　四海为家

2．有利于被摄者触景生情

事过境迁后对当事者的采访最好是选择事件的发生地进行，使当事者触景生情，增加采访的情感冲击力。文献纪录片《毛泽东》中有一段对毛泽东护士长吴旭君的采访，内容是回忆当年毛泽东主席与尼克松总统会晤时的幕后故事，采访空间就选择在当时医护人员工作的游泳池，吴旭君触景生情，迅速进入了采访状态，声情并茂地回忆起当年毛主席以伟人的毅力，克服病痛的折磨，与尼克松总统进行了改变历史的会谈。

图 4－6

(画面) 毛泽东会见尼克松。(解说) 然而，为了尽快会见访华的尼克松，身患重病的毛泽东付出了极大的努力。

(画面) 在中南海游泳池采访吴旭君。

吴旭君（曾任毛泽东的护士长）：会见尼克松时，主席身体很不好，正是在给他治疗时候，发生了一次休克，所以医疗组是挺为这件事担心的，因为我们尽量保证毛主席按时会见尼克松。可是我们必须要有两手准备，另一手就是我们要做好一切抢救准备，以防万一在接见过程中发生什么意外。所以在当时，我们就在这个地方，所有的工作人员都在这个门后头，都在这儿等着，有领导，有警卫，有电工等等，工作人员都等在这儿。那个时候，这儿没有水，上面铺了一层木板，那头是所有专家睡觉的地方，这一头是所有抢救用的物品，甚至于我们把给他用的强心针都抽在了针管里头。我认为，我们的准备工作是相当充分的，因为要分秒必争啦，是处于临战状态。可是我们的毛主席，他又很顽强，（吴旭君哽咽了）他跟……他跟衰老、跟疾病作斗争。表现得非常顽强，也很惊人。在他跟尼克松总统会谈的整个时候，他表现出伟人的气魄，统帅的风度，他的思维是敏捷的，他是谈笑风声的，我想他也是在顽强地进行着斗争。所以这一点，让我们所有的人看到了，都非常敬佩他，也很感动。当时外交部给主席安排只是接见十五分钟，可是主席跟尼克松谈了六十五分钟，我觉得毛主席真是费劲了心啦。

（画面）中南海游泳池的一池碧水。（解说）：毛主席预感到自己的生命将走到尽头，他对身边的工作人员说，我是看不到中美建交的那一天了。

叠出字幕：1976 年 9 月 9 日毛泽东逝世。

1979 年 1 月 1 日中华人民共和国和美利坚合众国正式建立外交关系。

3．有利于被摄者矛盾关系的展开

有这么一些空间，由于其特殊性而使置身其间的人们思想、行为等都发生了很大的变化，甚至可以说环境能够改变人生。比如，《艺术人生》策划的这样一系列选题《我的大学》、《我的军营》、《我的田野》就是挖掘了特殊环境中的人生体验对人的影响。

六．现场对声音的选择记录要注意：

1．强化运用同期声的意识

新闻事件现场发出的各种声音，伴随着现场影像被同步记录下来，并在电视新闻的表意中发挥着重要的作用。首先，运用同期声可以增加新闻的真实感。电视新闻是对新闻事件时空运动的把握，而很多事物的时空运动是有声音的，如果只记录下无声的影像，就会破坏事物的完整性，削弱新闻的真实感。其次，运用同期声可以增加新闻的感染力。有些现场音响能够反映事件或人物的特殊性，比如纪录片《探索电子奥秘的人》中，王崇愚院士在工作中有一个习惯，他喜欢边听音乐边计算，如果缺乏了现场采录的音乐，人物的独特魅力就无法充分展现。

现代摄录设备已经为电视记者提供了十分便利的声音采录工具，记者需要强化的仅是对声音的认识和使用。在事件现场进行取材的过程中，电视摄影记者要有强烈的声音敏感，对现场的同期声包括人物讲话、环境声等等都要十分注意，切忌在拍摄画面的时候将摄像机的话筒关掉。

2. 采录能烘托现场气氛的同期声

现场的同期声非常有利于烘托气氛。《空中联欢会》就是典型的以同期声为主体的优秀电视新闻，它仅用少量解说交待新闻背景，大量篇幅使用了江泽民主席演唱新疆民歌《玫瑰花》和钱其琛副总理讲笑话这两段关键的人物同期声。深情的歌声，诙谐的笑话引来大家阵阵掌声和欢笑，此情此景，消除了领导人和普通群众之间的屏障，观众也被这欢乐的气氛与融洽的交流所深深感染了。

3. 采录人物个性化的同期声

人物同期声使用恰当能够准确地刻画人物个性。比如，我们平时经常说，现在的孩子不得了，小小年纪说出来的都是大人话。可在纪录片中真正表现出这种状况并不容易，因为很难采录到恰如其分的人物同期声，纪录片《姐姐》做到了。又比如，2003 年 11 月，江泽民总书记访问美国，凤凰卫视吕丘露微在休斯敦进行了一次现场报道，这篇报道成功地运用了江总书记的同期声讲话。在美国前总统老布什为江总书记召开的欢迎宴会上，江泽民同志第一句话就说："今天，我首先要预祝休斯敦火箭队能在 NBA 联赛中拿总冠军。"因为一周前姚明刚刚加入休斯敦火箭队，所以江总书记的第一句话就拉近了宾主之间的距离。这样的同期声是非常具有个性化，运用得当能极大地增强节目的感染力。总之，技术的进步已经使同期录音变得更加容易，需要强化的是记者运用同期声的意识，在拍摄新闻时别忘了声音也是重要的表意符号。

画面	解说词
专机上，空姐在合唱，江泽民主席等热烈鼓掌	（歌声、掌声）
主持人	（同期声）各位观众，我们现在是在欧洲一万米的高空。作为主持人，我有幸主持并向大家报道一场别开生面的联欢会。
江主席手握空姐的话筒唱歌	（同期声）江泽民主席唱歌
字幕	此时此刻是葡萄牙午夜12：30，北京时间7：30，葡萄牙在静静地熟睡，北京在悄悄地苏醒。刚刚结束了美国、古巴、巴西、葡萄牙四国之行的江泽民总书记与随行人员正用歌声、笑声洗掉十几天积下的疲劳，带着友谊飞向北京。
钱其琛副总理讲笑话	（同期声）钱副总理讲笑话
主持人	（同期声）钱其琛副总理的诙谐和幽默引来了机舱内阵阵笑声和掌声。
江主席与大家共唱《歌唱祖国》	这是一个难忘的不眠之夜，正如外交部刘华秋副部长所说的，机舱里凝聚了世界上最欢乐的人群。14 天的紧张出访，传播了友谊，增进了了解。此刻，专机正满载着出访的成果，载着歌声和笑声飞回祖国。 这是中央台报道的。

第二节 现场同期声采访的实施

在现场所记录的声音中人物同期声是最重要的，它往往是节目内容的核心和主体。一句发自肺腑的同期声讲话常常胜过解说的千言万语。看过美国纪录片《兄弟连》的人大概都不会忘记影片结尾，一位老兵面对镜头讲了这样一段话“我孙子曾经问我一个问题，他问：爷爷你是二战的英雄吗？爷爷说，不是，但是我和英雄们一起服役。”

电视长于表现正在发生的事件，而难于表现过去发生过的事情，利用人物同期声就使这一问题迎刃而解。事件当事人和目击者对过去的回忆用同期声讲述出来，可以使观众了解到相关的细节，增加新闻的信息量和厚重感。纪录片《毛泽东》就以对过去的同期声访谈为核心内容，全片采访了 260 多人，包括当年跟随毛泽东浴血奋战的老将军、毛主席的老同学、亲朋好友、医生护士、秘书警卫等。在今天这些当事人本身就具有新闻因素，他们对过去的回忆更具有历史价值，尤其是当这种诉说发生在故居、旧址中，再配合老照片、影片资料帮助人们的想像，更加可信感人。比如护士长吴旭君的几段回忆，她的现实情感生发于过去的历史细节中，观众在想像中重构历史的时空，使毛泽东当年的形象呼之欲出。

记者通过提问触及被采访者的内心深处的秘密，并激发其讲述的欲望。现场记录下来这些的讲述使观众能够体察被采访者的心灵。现场的同期声采访需要编导或采访记者具有敏锐的判断力和良好的沟通能力，能够有效地引导采访谈话的方向。具体来讲，实施现场同期声采访要控制好下面两个个环节：

一、资料搜集

对于所要采访的人物和事件，可以通过各种媒介来搜集相关的材料，比如，其它媒体的报道文章、互联网的共享信息以及外围人物的电话采访，充分做好案头的信息整理工作，列出初步采访提纲。2004 年笔者在编导教师节二十周年特别节目纪录片《师说》的过程中，就广泛搜集教育咨询，初步确定了要拍摄的教师人选，写出拍摄方案，然后对所选教师进行不带机的前期采访。

二、不带机采访

开拍前的不带机采访目的是进一步了解人物命运轨迹及性格思想，把握事件来龙去脉及前因后果。开拍前的采访工作一般情况下是由编导来完成的，对于一些特殊题材的节目也可以由专家和编导合作进行。这种前期的采访要求采访者在了解节目主旨的前提下，以开放的心态，敏感地捕捉被采访者言语中透露的信息，并迅速判断这些信息的可挖掘性。比如，笔者在纪录片《师说》的采访过程中，听中央音乐学院周广仁教授介绍自己培养的一位学生十分有个性、不好教时，就意识到这中间一定有故事，经过适当的引导，周教授就谈到了这个学生至今还珍藏着周教授写给他的一个小纸条，当时周教授带着他在德国参加钢琴比赛，比赛前周教授给他一个小纸条，上面写着第一个曲子注意节奏，第二个曲子注意音色……，学生记住了老师的教诲，最终赢得了比赛。一张小纸条，成了师生情感的载体。

三、信息分析

通过资料搜集和不带机采访，编导掌握了大量的信息，对这些信息进行分析整理，并和准备带机采访的记者进行讨论，确定最后的采访问题设计。这里要特别说明的是，为了保证被采访者在摄像机面前保持第一次讲述的状态，常常是编导或策划进行不带机采访，由主持人或采访记者完成带机采访。比如，《望长城》中主持人焦建成采访甘肃武威打腰鼓的农民杨万里老汉的段落，看似即兴完成的现场采访，却蕴涵着编导和主持人集体的智慧。

镜号	景别	画面内容	同期声和解说	音乐动效
	全景	明月当空	(杨) 吃，请吃月饼。	
	特－中－近跟摇	菜刀切开了一块大月饼，焦接过这块月饼仔细研究。每一层上都是什么作料。	(焦) 这可是正宗的月饼，这是红曲，这是姜黄，这是香豆……咱们这个月饼确实好吃，非常软。我觉得现在吃的这个比街上买的那种月饼好吃多了。	
	近景摇	大爷吃着月饼，焦说武威大月饼好吃。大爷很高兴地说到了明天更好吃。	(杨) 到了明天才好吃呢。 (焦) 到了明天更好吃，十五的月亮十六圆，十五的月饼十六香。你们每年都是这样过吗？	
	近景中景移	从杨大爷到焦建成	(杨) 嗯，你们家乡种的粮食是啥？也是麦子？ (焦) 麦子，还有玉米。 (杨) 家在哪儿？	
	中景	焦建成	(焦) 我父母在新疆，我爱人和孩子在山东，我在甘肃。	
	近景	杨大爷	(杨) 你是四面八方都有亲人。八月节，你们来了，太好了，结合到我们家里，确实好。	

	近景摇 中景跟移	从焦建成到杨大爷	（焦）杨大爷您一直在这吗？ （杨）一直在这。 （焦）老家就是在这？以后你还到其它地方去过吗？ （杨）就那年去了北京一次，再哪也没去过。 （焦）去北京？是哪年去的北京？ （杨）五七年。 （焦）五七年我刚生。到北京干什么去？ （杨）打鼓子去。 （焦）打鼓子？什么鼓子？ （杨）就这个鼓子，牛皮鼓子。今天晚上要打这鼓子。 （焦）噢，当年是去北京打这个鼓子的，我能看看你这个是什么样的鼓子吗？	
	中景	焦建成和杨大爷	（杨）这个鼓子是我们到北京去打的。当时是民间舞蹈汇演。 （焦）您去北京打这个鼓子，是五七年。这还是个八卦图形。还有一个大的，大的我看看。什么皮做的？ （杨）牛皮。	

四、镜头前采访

不管采访的准备工作做得如何充分，人物同期声的最终效果还是要取决于记者的镜头前采访。记者镜头前采访提问要注意：

1. 核心问题的揭示性

编导根据所占有的采访背景资料设计采访问题，其中的核心问题要能够准确地揭示节目的主旨。比如，让·鲁什导演的纪录片《夏日纪事》是以“你觉得幸福吗？”来统领全片，展现普通百姓的生活百态。而基斯洛夫斯基导演的纪录片《谈话头》则是以“你的梦想是什么？”即兴采访了一百位波兰的普通百姓，用影像为观众描绘了一幅波兰社会的众生像。

2．问题设计的刺激性

编导所设计的问题要能够给被采访对象的心理造成应有的压力，否则很难使被访者在镜头前袒露心扉，展现其“内心世界虚构部分的真实”。比如，纪录片《初来乍到》中，主人公韩松在日本经过两年的奋斗终于考上日本的名牌大学，期间所承受的心理压力巨大，面对镜头成为他惟一的宣泄渠道，所以才有了他在镜头前要求记者提出一些刺激性的问题，“为什么这么大年龄还放弃在国内优裕的生活，别妻离子来到日本求学?”又比如，纪录片《科伦拜恩的保龄》中导演麦克·摩尔就是用“你知道科伦拜恩中学有多少无辜遇害的学生吗?”来质问美国来复枪协会的会长。

3．采访氛围的相宜性

编导要根据不同采访对象的特点，营造合适的采访氛围，既可以使采访能够顺利进行，又可以激发被采访者的谈话情绪。比如，导演麦克·摩尔是以一个全美来复枪协会会员的身份赢得了对会长的采访。

4．动作叙述的故事性

过去发生的动作中常常蕴涵着戏剧性因素，编导通过引导性提问使这些因素在当事者的讲述中发展为具有戏剧性冲突的完整故事。比如，纪录片《毛泽东》中就有大量的口述故事。

解说：1971 年 4 月，美国乒乓球队被中国邀请到北京访问，这件起初看来意义似乎不大的事，成了中美关系转变的契机。这次富有戏剧色彩的民间外交活动，导演就是毛泽东。

吴旭君（曾任毛泽东的护士长）：毛主席在 4 月 6 日那天给我看了份文件，这是什么文件呢，这是由外交部和国家体委联合起草的一份关于不邀请美国乒乓球队访华的报告。这上面，毛主席在他自己的名字上圈阅了。我当时想，这么看来，不邀请美国乒乓球队访华这个大局已定，因为大家的意见都一致。主席让我看完文件后退给外交部去办理，办完这件事以后我觉得主席有心事，因为我跟他相处久了，看得出来，至于有什么心事我不知道。就在4月6日那天他要提前吃安眠药，他要提前睡觉。晚上11点多了，他坐在这儿，当时那儿是床，他就坐在床边、床前面的桌子上吃饭，我坐在他对面，他因为吃了大量的安眠药，困极了，他就脑袋这么低着，就在那儿低着睡，就是不肯躺。过了一会儿，他突然间说话了，嘟嘟哝哝的，听不清楚说什么。听了半天，我才听出来，他要我去给王海容同志打电话，当时王海容同志是外交部副部长，他说要邀请美国乒乓球队访华。我的天哪，我一听这话当时就愣了，我想这跟白天退走的文件正好相反，如果我按他现在说的去办，那跟文件的精神不符合呀，那总理和他都画了圈的，那可能会办错了。再有，主席曾经跟我交待过，他说他吃了安眠药以后讲的话不算数。那么现在他跟我交待的这件事就是他吃了安眠药以后讲的，那算不算数呢？我如果照他现在说的去办，那不就是错上加错了吗？我在提醒自己，这么大的事可不能轻举妄动。我得想一个办法来证实主席现在到底是清醒还是不清醒，用什么办法呢？我想，那就是我得让他再主动地讲话。过了一会儿主席勉强地抬起头来，使劲地看着我说，小吴，你怎么还坐在那儿吃呀？我叫你办的事你怎么不去办呢？我想这下可好了，主席可说话了，我就很大声地问他，我说，主席，你刚才都跟我说了什么啦，我尽顾着吃饭了，没听清楚，你再跟我说一遍。不错，他又断断续续，一个字一个字地，慢慢吞吞地又把刚才交待的事重新说了一遍。我就反问了一句，我说你现在都吃了安眠药了，你说的话算数吗？主席就向我这么挥了一下手，说，算，赶快办，要不就来不及了。这个时候我意识到了，毛主席做了最新的决定。

5. 细节描写的生动性

看过刚才的这段人物同期声，我们不难发现其中有很多的细节描写是极其生动的，增强了电视语言的表现力。

第三节　电视编导的选择思维

一、尊重生活

摄像机对生活的记录，必须建立在尊重客观现实的存在和发展这个基础之上，与拍摄对象保持一种平等关系。如此，拍摄对象才会保持自然的原生状态，才会流露出真情实感。比如在《最后的山神》中，编导与拍摄对象建立了深厚的情感，老萨满在摄像机面前才能有本性的流露，编导也才能记录下一个个精彩过程。

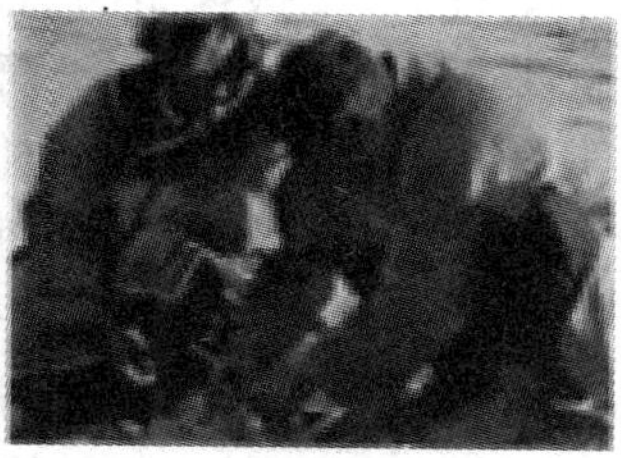

图 4－7　最后的山神

二、价值判断

在尊重生活的前提下，摄影师必须对生活持有准确、迅速的价值判断。能够及时发现日常生活中既司空见惯又有较高价值的形象，并不失时机地记录下来。《望长城》中有一段，主持人在临洮寻找秦长城西端起点时，向坡下一位刚出家门的老汉打听“长城在哪儿?”我们看到老汉听到问话后，一声不吭，翻墙爬坡来到镜头前，用脚一跺说，“这就是长城”。面对这个突如其来的场面，摄影师徐海鹰紧紧抓住不放，一个镜头下来两分多钟，有推、拉、摇、移、跟和升降，推得及时，跟得平稳，拉得到位，降得自然，把西北人民热情豪放的性格以及生长在长城脚下的那份自豪表现得淋漓尽致。如此，纪实摄影才能避免陷入自然主义，才能真正反映生活的本质。

图 4－8　《望长城》

三、编导意识

为了追求真实自然，为了保证同期录音的效果，导演在拍摄现场经常是无法调度摄影师，因此，纪录片的摄影师就是现场的导演。这就要求摄影师不但要充分了解片子的主题、结构，更要具有编导意识，应该明确拍什么，怎样拍。《望长城》中有一段精彩的即兴采访拍摄段落就是摄影师亓克君独自完成的，“小朋友，不要打了，不要打了！”摄像机将我们引到了黄土高坡上两个打逗的孩子面前，孩子紧盯着镜头，“小朋友，你们在这里玩呢？”我们看到孩子好奇的眼神，“你们知道长城在哪里吗？”小孩听到问话后，毫不犹豫地一指脚尖说：“就在这儿。”这段对话充分反映了摄影师的编导意识和对事物敏锐的发现和判断能力。

图 4－9　《望长城》

影像实验一：现场对动作的选择记录

上海电视台编导王蔚制作的纪录片《重逢的日子》中有这样一个细节，台湾退伍老兵回上海探望结发妻子，才发现妻子为了养活他的儿子已经再婚。在为他接风的家宴上，记者问他的小孙女“爷爷回家后家里发生了哪些变化?”小孙女回答“家里的小菜比平时多了。”听到孩子的回答，全家人都笑了起来。此时惟独一个人流下了伤感的泪水。你觉得谁会哭呢？并请分析原因。

妻子的现任丈夫

台湾老兵

老兵的妻子

第五章　电视新闻与纪实节目的场面调度

第一节　场面调度

一、场面调度的由来

“场面调度”这个词出自法文，意思是“摆在适当的位置”，或“放在场景中”。原本是戏剧中的专用名词，指的是导演根据剧情发展结构戏剧元素的艺术表现手法，包括设计演员的站位、动作，甚至是布景、道具的设计运用等等。

电影诞生之后，场面调度的方法被引用到早期的电影中，因为当时的电影拍摄十分简单，摄影机架好之后，演员按照导演要求在摄影机的取景范围之内进行表演。这种表演在形式上类似于舞台演出，固定的摄影机位置就像过去舞台表演中乐队指挥的位置，摄影机的取景范围类似于舞台。此时电影中的场面调度也仅仅限于演员调度。请看早期电影《水浇园丁》。

随着电影技术的进步，摄影机的运用获得了自由，此时的电影场面调度就不单单是演员的调度，它增加了更为复杂的摄影机的调度。可以说，当摄影机获得了真正的自由之后，摄影就不再是简单的记录手段，而成为重要的表意手段被导演运用。也就是从这个时候开始，脱胎于戏剧的场面调度开始具有电影的独特个性了。

二、电影的场面调度

电影中的场面调度是指导演根据剧情的要求借助摄像机的取景框对现实生活中的人物、事物等视觉元素进行适当的艺术剪裁，它包含两个层面：被摄对象调度和镜头调度。两种调度紧密联系、相互配合，共同构成电影中的场面调度。

在剧情片中，被摄对象的调度主要是导演按照剧情的要求，设计并指导演员完成戏剧动作。可以说这一点是对传统戏剧场面调度一定程度的继承。而摄影机的调度是摄影师根据剧情的发展和导演的艺术风格，调整摄影机的拍摄距离、拍摄角度和运动方式，使演员处在画面中合适的位置上。而这一点恰恰是电影场面调度的独特之处。在实际拍摄过程中，电影导演综合运用这两种调度手段来拍摄视觉元素，诸如人物、动作、事物、时间和空间等等，并以特定形式把这些视觉元素结构在一起，完成信息传递和思想表达的任务。

作为影视最重要的表现手段之一，电影的场面调度来源于戏剧，但是由于摄影机的介入，二者之间产生了本质的不同。戏剧的场面调度是在三维空间中进行，并以三维的舞台形式呈现在观众面前，而电影的场面调度同样是在三维空间中进行，却以二维的影像形式呈现在观众面前这种转换是通过摄影机的二维平面取景方式对三维空间的剪裁实现的。

让我们来分析一下摄影机在取景时的特点：

（1）摄影机要把三维的立体现实转变为二维的平面影像。怎样用二维的影像逼真地“复原”三维的“物质现实”是摄影师首先要面对的问题。恰当的摄影机调度和光线的运用都可以突破平面限制，强化二维影像的立体感和空间感。

(2)摄影机取景框的宽高比是固定的。早期的电影和现在流行的电视宽高比为1:1.33,现在的电影银幕宽高比为1:1.85,宽银幕是1:2.35。宽高比固定就带来了一个问题,不论是电影摄影还是电视摄影,它的构图必须去适应这个长方形的画框。这一点与图片摄影有着巨大的差别。我们知道,当你要表现出山的险峻、建筑物的高耸时,图片摄影经常采用竖式构图;而当我们要表现草原、沙漠的广袤,则常采用横式构图。由此可见,图片摄影的宽高比是可调的,它可以通过宽高比的变化来适应现实空间对构图的要求。而电影、电视则没有这一个便利条件,当用它来表现草原和沙漠时,没有太大的不便,而当用它来反映山的险峻、楼的高耸时,就不太合适。因为影视的构图必须适应这个宽高比固定的取景框。

(3) 摄影机是在时间的流动中拓展空间。

图片摄影是空间的艺术,而电影电视既是空间的艺术,又是时间的艺术。从空间角度来说,图片摄影和影视摄影的摄影机调度有很多共同的规律,但运动作为电影电视的本质,决定了影视摄影的调度是在时间的流动中进行的,是一种动态的。这一点又与图片摄影有着本质的差别。

第二节 电视新闻与纪实节目场面调度的特点

场面调度作为电影电视导演重要的艺术表现手法之一,不仅可以在虚构的剧情片中使用,而且也可以在非虚构的新闻和纪实节目中发挥重要作用。但是由于新闻和纪实节目要遵守新闻的真实性规律,与虚构节目相比,其场面调度还具有以下两大特点:

一、即兴式调度

虚构节目的场面调度有很强的设计性,拍摄前可以精心设计摄影机运动、演员可以反复演练；而纪实节目中，场面调度完全是在事件发生的现场，摄影机跟随拍摄对象生活的自然发展即兴进行记录。

伴随着新闻事件的发生发展，恰当地调度摄影机的位置、角度和运动，准确记录反映事件本质的影像，并激发观众的情感，是对新闻摄影记者的基本要求。

在即兴的摄影机调度中，成功的关键在于：

1．摄影记者的判断力

首先，这种判断力取决于摄影记者是否能够准确把握报道意图，对于摄影记者来说，不管是图片摄影记者还是电视新闻摄影记者，其工作方式有两种，一种是独立完成摄影取材和报道文字的写作；另一种是摄影记者只负责摄影取材，报道文字的写作交给文字记者、图片或电视编辑完成。在前一种工作方式中，摄影记者充分了解报道目的是必需的。而在后一种工作方式中，需要文字记者和编辑充分认识到摄影取材的重要性，与摄影记者共同思考报道主题，协商制定报道计划并在实施中充分发挥摄影记者的主观能动性。要记住，在纪录片的拍摄过程中，摄影记者就是现场的导演。

其次，这种判断力还取决于摄影记者是否具有形象洞察力，能够意识到新闻形象与报道主题之间的某种联系。请看普利策摄影奖的照片《马丁·路德·金》，摄影记者报道目的明确，试图通过照片介绍金的观点——上帝面前人人平等，所以他在金演讲的会场删繁就简，通过两个视觉元素——人物和十字架，就将报道主题传达给了观众。

2．摄影记者的预见力

好的摄影记者往往有着良好的预见力，随着现场人物情绪的变化，预测其动作的走势，提前调度摄影机的位置，寻找合适的拍摄角度，思考可能的摄影机运动方式，以确保能够记录下“决定性过程”。比如，纪录片《家在我心中》中“父女分别”段落的拍摄能够充分反映摄影记者的这种预见力。父女俩在地铁列车里依依惜别的情绪感染着摄影师，由于父亲没有签证不能进入东京成田机场，父亲要在机场前一站下车，而很短的停车时间又容不得女儿随父下车道别，单机拍摄，时机稍纵即逝，摄影师必须迅速思考并有预见性地决定摄影机跟拍谁、机位在哪，才能完整记录下父女俩车厢内外两相望的感人场面。

3. 摄影记者的基本功

即兴完成的摄影机调度要求摄影师具有扎实的摄影基本功，手持摄影机的运动拍摄要稳、跟焦点要准、构图要到位、现场用光要灵活等等，都是决定摄影机调度能否成功的关键。

二、场景式调度

虚构节目中的拍摄对象调度是指演员调度，演员的举手投足都是经过精心安排的；而纪实节目中，记者在大多数情况下是没有可能安排拍摄对象的行为的，拍摄对象基本上保持着现实生活的原始状态。但是，编导在不违背真实性的前提下可以发挥主观能动性，对拍摄对象进行调度。

在新闻纪实节目中这种对被摄对象的调度是场景式的。那么，什么是场景呢？罗伯特·麦基认为“一个场景即是一个缩微故事——在一个统一或连续的时空中通过冲突而表现出来的、改变人物生活中负载着价值的情境的一个动作。”每一个记录人物真实生活情境的场景都是故事的有机组成部分，新闻纪实节目讲述的故事就是由一系列场景按照一定的逻辑关系结构而成的。这些场景可以是在拍摄过程中自然发生的，也可以是摄影记者依据生活逻辑通过适当调度促成的。

电视编导在对被摄对象进行场景式调度时，关键是要注意：

1. 符合生活逻辑

计划拍摄的场景要符合生活的逻辑，这一点是新闻纪实节目的真实性所要求的。电视编导在充分了解被摄对象日常生活规律之后，征得被摄对象的认可，可以使生活中可能或即将发生的场景出现在摄影镜头前。比如，纪录片《毛泽东》中有这样一个采访场景，毛泽东的护士长吴旭君在毛泽东生前住过的游泳池接受采访，显然是记者为激发被摄对象的情感而刻意安排的，这种调度是允许的，因为在实际生活中我们都有过重回故地追忆往事的经历。又比如，纪录片《姐姐》中有这样一个场景，做警察的父亲抽空回家为妻子和孪生孩子做了一顿晚饭，通过节目前半部分的铺垫，我们不难看出，作为全片的核心内容这一大段生活气息浓厚、充满矛盾冲突的场景，是通过记者的调度才出现在镜头前的。

2. 展示人物性格

在人物类节目中，场景的调度要有助于刻画人物性格。比如，纪录片《芝麻酱还得慢慢调》中有这样一个生动诙谐的场景，主人公在做炸酱面时，精心地调制芝麻酱，一丝不苟的细致充分显示了老人凡事较真的性格特点。

3. 推动故事发展

场景作为纪录片情节发展的重要环节，经常起着推动故事发展的作用。在纪录片《芝麻酱还得慢慢调》中，热爱中国足球的老人给北京电台体育节目主持人梁言写了一封信，梁言被老人的热情感动了，到老人家拜访并邀请老人到直播室做嘉宾，老人为了这次直播认真准备讲稿，并和儿子、孙子一起讨论推敲，最后终于走进了直播室。这些场景一环扣一环，水到渠成地形成了故事的开端、发展、高潮和结尾。

4. 叙事的技巧

合理的场景调度首先追求叙事清晰，这是最基本的。在此基础上可以通过特定的场景来设置悬念，吸引观众的长久注意，并使观众在娓娓道来的故事中悟出节目的主题。比如，纪录片《半个世纪的爱》中的老院士新婚不久即投身到中国石油工业的建设中，一晃五十年过去了，他对石油工业热情依旧，对妻子的爱也更加醇厚。为了更好地表现这种情感，记者就想用二位老人去拍摄金婚纪念照的场景来进一步深化主题，记者的提议立即就收到二老热情的回应，两位老人携手走进了王府井照相馆，五十年前他们曾在这里拍了第一张合影。拍摄金婚照的场景充满了温馨的气氛，很好地烘托了主题。

第三节 摄影机调度的形式

一、分切镜头

摄影机从不同的拍摄距离、拍摄角度以固定方式拍摄被摄对象，称为分切式镜头调度。这是最基本的摄影机调度方式，一般来讲，镜头的分切要成组，也就是说，在一组镜头中既要有交待动作发生空间的镜头，也要有展现人物关系的镜头，当然介绍细节的镜头也是不可或缺的。

分切式的摄影机调度对时间的记录是不连续的，往往只记录关键点，而略去不必要的动作过程；对空间的描绘则十分自由，既有分裂又有整合。并且镜头的分切拍摄主要是依据观众注意力的转变，十分有利于突出人物动作的重点，使叙述节奏更加简洁明快。这一优势对于消息类电视新闻的拍摄都是非常重要的。但是分切式镜头调度对时空的这种处理方式，不利于更为真实的描绘时间和空间，也不利于再现动作发展的全过程。在纪录片的拍摄中，适合处理一般性的叙述和背景介绍，在拍摄“决定性”动作时，为了保证时空段落的完整，满足观众对真实的心理期待，则常常采用长镜头的调度方式。

二、运动长镜头

摄影机的运动是因被摄体的动作而起，在一个镜头中完整记录动作的发生、发展、高潮和结尾，伴随着动作的发展，镜头的运动始终将观众的注意力集中于重要人物动作的“决定性过程”。

摄影机连续运动的方式保证了动作的实际持续时间和节目时间相吻合，机位的运动突破了取景器的空间限制，使空间的还原更加完整，这些都增强了节目的真实感。

这种运动长镜头持续时间比较长，基本上不适于在消息类电视新闻中使用。即使在纪录片中，也需要记者控制长镜头的使用数量，以免破坏节目的整体节奏，造成拖沓冗长的观感。而且长镜头的拍摄对摄影记者提出了很高的要求，此时的摄影记者就是现场的编导，对所拍摄的内容起着决定性的作用，每一次摄影机的运动都应该是有明确目的的，不能为了运动而运动，使观众不知所云。

三、景深长镜头

图 5－1　詹姆斯·纳赫特威拍摄

摄影机机位固定，通过大景深使前后景清晰可见，被摄体在景深范围内活动，不断地改变着拍摄距离，使观众在一个镜头中既能看到被摄体的细微表情，又能看到被摄体的形体动作。另外，大景深还能强化空间的透视效果，使画面对现实的还原更加逼真。

在图片摄影中对大景深的运用也是十分普遍的，请看纪录片

《战地摄影师》中，詹姆斯·纳赫特威拍摄的照片，前景是男孩儿忧郁的双眼，后景是被战火破坏的城市街道和建筑。通过孩子眼中的满目疮痍揭示出战争对人类生存的巨大威胁。

第四节　被摄对象调度的形式

如前所述，新闻纪实节目中的被摄对象调度是一种场景式调度，场景的实质是人物在特定时空中进行的动作，这种调度要牢牢把握住三个关键环节：动作、时间和空间，其中时间和空间的调度是以动作为中心展开的。

一、动作调度

进行动作调度首先要考虑情节发展的需要，成功的动作调度往往有一个完整的发展过程——动作的发生、发展、高潮和结尾，这种叙事方式符合人和事物自然的发展规律，往往具有很强的悬念性。比如，纪录片《芝麻酱还得慢慢调》中，编导对人物的动作调度就十分成功，主人公的两大爱好——唱京戏和看足球被编导巧妙地发展成相对完整的动作过程，看足球这一动作的开始阶段是主人公给北京电台体育节目主持人梁言写了一封信，表达了一个七十多岁的老球迷对中国足球的希冀。这封信就是编导动作调度的契机，由此展开初步的调度设想是能够拍摄梁言被老人的热情所感染登门拜访，进一步的调度就是梁言能够邀请老人去电台和他一起直播，最终编导的这两个目标都达到了。

在叙事的基础上，动作的记录和调度还要考虑对人物性格的刻画，这一点在人物新闻或人物纪录片中尤为重要。看过电影《拯救大兵瑞恩》的观众都会对那个美军翻译产生深刻的印象，原因就是在于导演对他的性格刻画非常生动，而这种刻画主要来自于动作的设计。我们可以来分析一下他的性格发展，对他最初的印象是看他手忙脚乱地收拾装备，进一步的了解是通过他坚决反对战友为给同伴报仇而枪杀俘虏的行为，当看到由于他的怯弱而使战友丧生时我们鄙夷，我们不知道当他恐慌地看着被自己放过的德国兵又拿起枪射杀自己的战友时内心的感受，但我们看到他亲手开枪射杀俘虏时，内心的感受是复杂的，我想这里面更多的是思考战争对人性的泯灭，而这种思考恰恰是产生于导演对一个人物的刻画。在《芝麻酱还得慢慢调》中，主人公精心调制芝麻酱的动作就十分传神地刻画出老人的性格。

动作的调度还要注意激发被摄对象的情感。比如，纪录片《家在我心中》的编导在采访中了解到这样一个细节，在女儿过生日的时候，父亲曾在上海电台为女儿点播过一首歌曲，女儿珍藏着当时的录音带。怎样使用这个细节？可以用解说交代，然后拍摄一下录音带，这种静态的表现方式很难激发被摄对象的情感，无法产生预期的效果。影片中编导采用了动作调度——请女儿拿录音机播放当时的录音，女孩儿听着父亲的来信，情绪被调动起来，拍摄效果很好。

二、时间调度

动作与时间是不可分的，一个动作的发生、发展和结束是在统一或连续的时间段落中完成的，可以说，时间调度是对动作的一种限定。比如，中国摄影家协会就曾经组织过《中国一日》大型摄影活动，所有摄影家被限定在同一天在中国各地拍摄人们的日常活动。而且这种限定本身也会强化动作的仪式感。比如，天安门广场升旗是一个日常性的例行动作，但如果加上时间标志——十月一号国庆节，那么这个例行性动作就由于这种时间限定而具有了更强烈的仪式感。

恰当的时间调度有助于记者准确地把握人物动作发展的高潮。在日常生活中经常有一些时刻具有特殊性，此时的人物情感、情绪和动作正经历着一种高峰体验，比如，久别的恋人重逢时、亲人面临久别时或者是一些决定命运的重大时刻等等。在纪录片《初来乍到》中，韩松考试出榜的时候就是记录的重点，在日本经过两年的艰辛努力，成功或失败对他的影响都是具有决定性的，对观众来说，此时的他无论是心理还是动作都具有强烈的感染力，而且去看榜的动作本身就具有强烈的悬念色彩。对比新闻和纪录片不难看出，新闻更看重对高潮的记录，而纪录片更加强调高潮来临前的发展过程。时间调度在保证完整记录高潮瞬间的同时，还要注意时间的延续所带来的情绪积累效果，为高潮的到来做好铺垫，以满足观众的观赏心理。比如，纪录片《家在我心中》分别八年的父女俩在东京的重逢，24 小时的相聚高潮点在哪里是记者必须明确的，相见和分别是最有可能成为高潮段落的，到底是哪个呢？生活常识告诉我们分别的可能性更大，父亲来东京时，女儿只有八岁，八年的分别带给父女俩的是一种陌生感，初见面时很难迅速消除，经过一天的叙旧之后，情感的高潮很可能会在分别时爆发。为了满足观众对高潮的期待心理，记者可以进行调度拍摄父女俩吃饭、叙旧、送礼物的段落，通过时间的积累效果为高潮的到来做好情绪铺垫。

三、空间调度

空间为在时间延续中发展的动作提供了依托，对空间的控制和调度是为了更好地把握动作。记者应该分析具体动作发生的最佳空间，在不违背真实性的前提下，选择恰当的空间进行动作调度。

恰当的空间调度能够增加动作的戏剧性。纪录片《姐姐》中有这样一个场景，在晚饭前后的这段时间里，围绕看什么电视节目一家四口人发生了矛盾冲突，极大地强化了节目的戏剧性效果。而这主要就是得益于记者对姐姐父亲进行的空间调度，请他从工作单位回家，这才有了一家人难得的家庭聚餐，也才有了一家人直接矛盾冲突的可能。

我们经常说触景生情，恰当的空间调度确实能够起到激发被采访者情感的作用，特别是历史文献纪录片中对当事人的采访最好是在历史事件发生地。“9·11”事件一周年之际，很多电视台都制作了纪念性的特别节目，记者在进行现场报道时不约而同地选择了世贸大楼的废墟作为报道空间，经历了“9·11”的电视观众面对此景，内心的感受是无法名状的。恰当的空间调度还能增加动作的信息量。比如，新闻和纪实摄影中经常使用的环境肖像就是有效利用空间来传递信息的。

第五节 场面调度在电视新闻直播节目中的综合运用

一、空间调度

今天的电视新闻直播报道有一个重要的特点就是空间跨度很大，往往是对发生在不同新闻现场的同一事件的全方位、多侧面的同步报道。这里面就存在着空间的调度问题，它包含宏观和微观两种调度，宏观调度是指选择哪些新闻现场作为直播点，微观调度是指同一现场中的机位设置。

1. *宏观调度*

A 现场空间

现场空间是新闻事件发生、发展的主要地点，是最吸引观众的热点地区。同一事件有很多现场，直播时没有必要，也不可能都选择作为直播地点。我们要选择最能反映事件特点、最有代表性的地方进行直播报道。比如，我国境内黑龙江省漠河地区发生的是日全食，而在其它地区，日食程度随着纬度由北往南逐步递减。日食出现的时间，也随经度的变化由西往东越来越晚。当西部地区的昆明日偏食将达到最大值时，北国边陲漠河的日食现象才刚刚开始。如此复杂的新闻事件要进行直播，直播导演必须根据事件的进展，适时调度漠河、北京、南京、昆明四地及演播室等各路信号。使观众足不出户，就看到了当天各地的日食现象的全貌。

B．演播室空间

在这种多现场事件的现场直播报道中，任何一个现场的记者，都不可能把握事件发生发展的全貌并做出完整准确的报道。这就要求在直播中，必须有一个能把握全局的中枢，依靠它来调度各路直播信号。这个中枢往往设在电视台中心演播室，由总导演掌握直播中各现场信号和背景资料等录像信号的切换，由总主持人在演播室对特邀嘉宾进行专访，或介绍相关背景信息，或进行适当的评点。比如，在黄河小浪底截流直播报道过程中，不断穿插主持人进行的专访："历史为什么选择了小浪底?""国际合同给了我们什么?""小浪底的土石坝、防渗墙和消力池"、"生态和环保问题"、"移民问题"、"黄河文明和治黄史""小浪底的明天"等丰富的背景信息。

2．微观调度

现场直播报道的微观调度是指直播现场的机位设置和现场记者的报道点选择。微观调度要求导演凭借高度的新闻敏感，从完整展现事件的新闻要素和新闻的兴奋点出发设置机位、安排记者采访。比如，柯受良飞黄直播过程中的机位设置和记者的采访点选择就存在重大失误，机位设置上重点不突出，未能将柯受良飞黄的全过程清晰的展现给观众，只有正面角度画面而没有最说明问题的侧面角度的画面，以致很多观众以为没有成功；记者对事件的新闻价值缺乏认识，采访未能把握新闻的要素，在柯受良飞黄的事件中，至少有四个兴奋点：

A. 如果飞黄成功，他将告别特技生涯；

B. 妻儿第一次在现场观看；

C. 飞黄后，他要捐资建50所希望小学；

D. 现场观众多达五万。直播报道中完全没有涉及，大量的时间进行文艺演出的转播。

二、时间结构

新闻事件的发生发展是一个过程，现场直播报道的任务是通过视听流程展现这个过程，并对事件的来龙去脉做清晰的交待。这就决定了现场直播报道的时间结构既有现在进行时，又有过去完成时。

1. 现在进行时

毫无疑问，现在进行时是现场直播报道的主体。假如没有处在现在进行时的事件的发生发展，就没有现场直播。而且现场直播的魅力也恰恰是由于现在进行时带给观众悬念感，进而刺激观众的预知心理需要。因为任何人面对一件正在发生或正要发生的事件，都会有自己的想像，想像它的结果，想像事件发展过程中可能出现的细节。有想像，就会有期待。迫切等待自己的想像尽快得到验证。比如，美国电视媒介不惜动用直升机对辛普森案进行直播，正是了解了观众的这种心理需要。

2. 过去完成时

电视擅长表现运动，观众难以忍受长时间的静止。但是处在现在进行时的事件，在其发展过程中经常会处于相对静止状态，此时应该巧妙地结构过去完成时的内容，也就是背景资料。比如，在凤凰卫视中文台的香港回归报道中，直播解放军进驻香港。在报道的开始，主持人介绍了部队进驻香港的消息，接下来我们看到了全景的画面。主持人说："摄像机不能再靠近部队车辆了。"军车在皇港口岸等待入港命令，时间一分一秒地过去了。长时间的等待对于观众是难以忍受的，主持人窦文涛适时地向观众介绍人民解放军进驻香港的军车数量，正式进入的时间，军衔的划分以及最高指挥官的情况。既打破了长时间的静止，又增加了报道的信息量。

影像实验一：

画家高波以艺术家身份客居巴黎已经五年，记者了解到五年来他从没有去过卢浮宫的情况，想采访高波了解其中的原因，请问下列地点哪一个是最佳采访拍摄空间并分析原因：A. 高波家，B. 经过卢浮宫前的公共汽车上，C. 艾菲尔铁塔下高波的画摊。

 A 高波家	B 经过卢浮宫前的公共汽车上	 C 艾菲尔铁塔下高波的画摊

图 5－2

影像实验二：

父亲为了改变家庭窘迫的经济状况，远渡重洋到日本打工，一转眼八年过去了，女儿考上了美国纽约大学，在上学的路上她要去日本东京看望八年未见的父亲，父女俩见面的时间只有二十四小时。

你将拍摄哪个场景，并给出你认为合理的组合顺序，然后进行分析。

请在下列场景中选择：

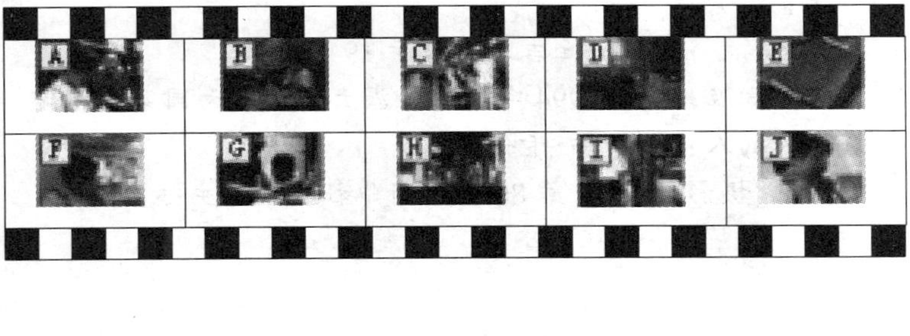

附录：我怎样拍摄丘吉尔

1941 年 12 月 30 日，加拿大摄影师尤素福·卡什和英国首相丘吉尔初次会面。在描述那天的经历时，卡什说："当我带着相机的时候，我觉得自己是世界上最重要的人。"

丘吉尔那时刚从加拿大议会演讲完毕，看到正准备给他照相的卡什，他显得有点吃惊。卡什快步上前，一把拿下丘吉尔嘴里叼着的刚点着的雪茄。"这是一种表达敬意的做法，就像我在给人拍照前要赶走他衣服上的苍蝇。我马上回到相机后面，而丘吉尔正充满敌意地看着我，好像他能一口把我吞了"。卡什曾经这样写道。不管怎么说他还是拍到了那张照片。"离开那里的时候我为自己感到非常高兴，我知道，我拍到了"。

图 5－3　温斯顿·丘吉尔

卡什在放大这张照片的时候，裁掉了丘吉尔的左肘，还有椅子的大部分和墙壁的上半部分。卡什说，这样一来，他就从没注意到在底片上，画面中丘吉尔头的左上方有 3 根看着很怪的黑线。

作者：尤素福·卡什

作品名称：温斯顿·丘吉尔（摄于 1941 年）

采访时间及地点：1994 年 2 月，渥太华加拿大国家档案馆

拿底片的人：尤素福·卡什

（引自《摄影世界》，第 80 页，新华社摄影部主办）

第六章 摄影机调度的方法

在电视新闻和纪实节目中，电视编导经常通过有目的地调度摄影机来表现拍摄意图。调度摄影机时，电视编导要重点考虑以下几个方面：拍摄距离、画面布局、拍摄角度，而且还要确定摄影机的运动方式。

第一节 拍摄距离调度

在镜头焦距不变的前提下，通过调整摄影机与拍摄对象之间的距离实现的摄影机调度，调度的结果是被摄主体在画面中所占面积的变化，用专业术语讲就是景别的变化。

一、景别

景别是标志被摄主体在画面中呈现的范围。我们所看到的各类影片，都是用不同景别的画面，按照一定的规律，有序排列而成的，叙事是否清晰、流畅，表意是否准确、深刻，都与景别有着很大的关系。

二、景别的种类

划分景别的标准有两种：一种以被摄对象在画面中所占的比例大小为准，凡拍摄主体全貌均为全景，凡拍摄局部则为中景和近景；另一种是以拍摄对象被画框所截取的部位的多少为标准进行划分的。

根据摄影创作实践，我们经常使用的景别有七种：大远景、远景、全景、中景、近景、特写、大特写。七种景别特点各异，分别承担着不同的叙事和表意作用，拍摄方法和要求也相差甚远。下面结合实际的影片片段来分析一下各种景别的画面特点、作用和拍摄要求。

在分析时请大家从以下几方面去思考不同景别的表现特点：

（1）画面是以表现人物为主，还是以表现景物为主；

（2）画面是以表现人物的动作为主，还是以表现人物的表情为主；

（3）画面是以表现具象为主，还是能够引发人们的联想。

（4）画面是表现人物关系，还是表现气氛。

三、景别分析

1. 大远景

（1）特点

①大远景是以写景为主，画面中或者没有人，或者有人出现，但人物在画面中所占面积很小；

②大远景画面中的人物或物体只是画面的一个构成元素，我们很难看清他们的细节；

③大远景画面往往具有很强的情绪色彩，成为记者借景抒情的重要表现手段。

（2）拍摄要求

①拍摄大远景画面时要注意提炼大地的线条，比如，道路、河流、山川等，以此来结构画面，或者是充当视觉引导线。

张艺谋在拍摄电影《黄土地》时，为了使观众在这个大远景画面中迅速看到山上的那棵小树，不惜调动整个剧组的工作人员顺着山根跑到山顶，一趟又一趟，用了一个上午终于在山上踩出了一条小路，它在画面中起着重要的视觉引导作用。纪录片《最后的山神》的结尾，老萨满骑马走在冰河上，冰河蜿蜒伸向寂静的山林，既将周围纷乱的景物统一了起来，又将观众视线引导到在画面中所占比例不大的老萨满。

②拍摄大远景画面时对地平线位置的处理也很重要，地平线处理在画面上方，能够增加画面的深远感，强化宏观的视觉感受；纪录片《藏北人家》开篇对措嘎家周围地理环境的交待就采用了这种地平线处理方式，俯拍效果的镜头使观众感受到藏北草原的博大深远。地平线处理在画面下方，能够增加画面的宽广感，强化天高地远的视觉感受。纪录片《藏北人家》中有这样一段介绍措嘎放牧的镜头，地平线很低，仰拍效果明显，措嘎的身影映衬在蓝天白云之间，观众仿佛切身感受到藏北牧民的宽广的胸怀。

图 6－1　藏北人家

③拍摄大远景画面时要注意拍摄云、雨、雾等特殊的天气现象，以营造特定的环境气氛，不能太实，太实了意境难以生发。纪录片《龙脊》中梯田的大远景画面中，飘动的云影打破了长时间静止构图的沉闷。

④拍摄大远景画面，如果使用静止的画面形式，或缓慢的平摇镜头，可以形成宁静、广漠、空旷、深远、回味的感觉；而有时采用航拍的方式能够进一步强化这种效果。纪录片《失去平衡的生活》就是采用航拍的大远景画面，使观众产生一种强烈的幻觉——仿佛正在穿越时空隧道，经历亘古至今的地球演变。航拍时要注意选择图案感强的地貌进行拍摄，充分利用线条、色块、影调的视觉表现力。纪录片《丹麦交响曲》中就有很多这样令人叹服的田园美景。

2. 远景

远景画面与大远景画面没有截然的分别，但是有两点大家可以注意：

(1) 特点

①主要拍摄对象在画面中的面积略为增大，人物在画面中的比例关系大约是画幅高度的二分之一；

②随着人物的增大，环境的独立性没有大远景强，更为强调环境与人物的依存性；摄影记者黄功吾拍摄的曾获普利策摄影奖的照片《村子被烧了》，恰到好处的景别运用使读者不仅看到了战争对一个女孩的身体造成的伤害，也看到了对她所赖以生存的家园的毁灭，进而从个人的悲剧命运联想到整个村庄乃至整个国家的悲剧命运。

(2) 拍摄要求

①大远景画面的拍摄要求也都适用于远景画面。

②另外，在表现好环境的同时，要注意展现人或物在环境中的运动。请看获得世界新闻摄影比赛儿童评审团大奖的照片《一个被地雷炸断腿的阿富汗儿童》，摄影记者在照片中所选择的环境具有很强的说服力，残疾儿童跨越的动作将战争导致的恶果形象化地揭示出来。纪录片《迁徙的鸟》中有很多精彩的群鸟飞翔的远景画

图 6－2

面，飞翔的动态美与静谧的自然美相得益彰，奏出了大自然最和谐的乐章。

3．全景

(1) 特点

①人物与画框近似等高；

②全景表现的重点是人物，环境表现是以人物为出发点的。请看牛群拍摄的这张纪实人像作品，这里的环境描写为更好地反映院士的工作情况提供了丰富的信息。这种用全景拍摄的人物肖像被称为环境肖像。

图 6－3

(2) 拍摄要求

①全景中人物头脚要带全，但是不能顶天立地，也就是头顶画框上边缘，脚踩画框下边缘，而要留有一定的空间范围，因为环境交待是新闻的重要信息渠道，请看反映俄罗斯总统普京访华的新闻图片，普京迈过的门槛不仅具有典型的中国特色，而且还有强烈的象征色彩，揭示出普京总统的这次访问中国的深刻意义。

②全景的拍摄往往是每一场景的总角度，用来交待人物关系，人与环境的关系，决定其它镜头的调度。《胜利之吻》是二战中非常著名的一张新闻照片，全景中的人物动作与周围欢庆二战胜利的气氛融为一体。纪录片《龙脊》中上课段落中，全景不仅准确地描绘了山村小学教室的环境特色，而且也清晰地交待了

师生之间的位置关系，使分镜头拍摄的机位设置更加明确。

图 6－4

4. 中景

(1) 特点

①画框截取人物的大半身，或者是人物的膝盖以上的部分；李四光豪迈地说：谁说中国贫油？中景景别准确地记录下人物讲话时的动作，鲜明地表现出人物此时此刻的豪情壮志。

②中景主要表现人物上半身的行为动作，比如，形体关系、情绪交流、人物关系等，是在新闻摄影实践中非常多见的一种景别。《邓小平会见外宾》成功地运用中景反映了领袖之间真挚的情感交流。邓小平在会见挪威首相时说，我今年 84 岁了，该退休了。结果翻译把 84 岁误翻成了 48 岁，宾主听罢开怀大笑。纪录片 Dao Ruai Mi 中维吾尔乐师和美国音乐爱好者之间边弹边记乐谱的交流就是采用中景拍摄的，既能看到两个人弹唱的形体动作，又能看到他们为音乐而痴狂的表情，看到这一幕观众真正体会到为什么说音乐是最具世界性的语言，不同种族、不同文化背景的人在中国西部小城喀什的这家小小

图 6－5

的民族乐器店里找到了最佳的交流方式。

(2) 拍摄要求

①对人物形体动作的记录和描写要注意把握决定性瞬间和过程。《邓亚萍与萨马兰奇》就是记者在世乒赛上抓拍到的，萨马兰奇给邓亚萍颁发女单冠军时，亲切地拍打邓亚萍的脸，这个动作生动地刻画出这段被世人传为佳话的忘年交。

图 6－6

②对环境背景的选择要注意烘托情绪气氛。

图 6－7

5. 近景

(1) 特点：

①画面包括人物胸部以上，人物占据画幅一半以上，是电视新闻和纪实节目中主要的采访景别；请看纪录片《兄弟连》中的采访段落。

②表现的重点是人物的头部、面部、眼睛、利于表现表情、

心理、手势等；《南方周末》选用胡锦涛同志当选总书记后向十六大代表挥手的近景照片作为题图，极富冲击力地表现了胡锦涛同志的个性风采。

图 6－8

③大多数情况下，拍摄近景时环境空间会被虚化，但是近年来十分流行的景深镜头，前景的主体人物和背景的环境都处在景深范围之内，尽可能地满足观众全方位的信息需求。请看纪录

他们眼中的胡锦涛

图 6－9

片《战地摄影师》中的经典照片。

（2）拍摄要求：

①构图要讲究；

②用光要讲究。

6. 特写

特点

①表现人物肩部以上的头像，人物占据整个画面；

②人物表情更加突出，容易影响观众的心理，形成近距离交流感；解海龙拍摄的反映希望工程的纪实摄影作品《我要上学》，

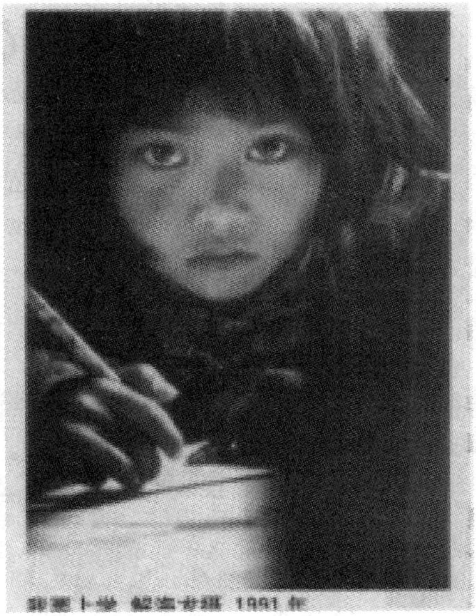

图 6－10

采用特写的方式突出了女孩子那双明亮的大眼，以反映贫困地区失学儿童对知识的渴求。

③背景空间被虚化。

7. 大特写

特点

①人物或景物的局部画面或细部画面，例如，一只手、一双

眼、一张嘴等；《手—乌干达旱灾的恶果》。

②重点表现人物的细微表情的细节部分、人物形体、动作的细微变化等。纪录片《姐姐》中，摄影记者敏锐地抓拍到姐姐很多生动的动作细节，对人物心理的描述可以说是细致入微的。纪录片《家在我心中》父女俩地铁分别，以大特写拍摄泪珠从女儿脸颊滑落的细节，像重音扣击着观众的心弦。

四、全景系列景别和近景系列景别的艺术作用

全景系列景别中的大远景和远景，是视距最远的景别，具有很强的空间表现力，主要用来表现环境，在整个叙事系统中常常担负起抒情和写意的作用，拍摄时强调气氛的营造。全景视距稍近，景深大、背景实，适合表现特定环境中的人物形体动作，更为强调人与环境的相互依存关系。纪录片《失去平衡的生活》中用了大量的远景系列景别，非常好地配合了影片的抽象主题——人与环境。

近景系列景别包括近景、特写和大特写，这些视距很近的景别，景深很小，背景虚化，对空间的表现力很弱，主要用来刻画人物的神态和表情等细节，在整个叙事系统中更多地用来承担叙事和纪实作用。英国导演查里·耐恩拍摄的纪录片《斯里兰卡的宗教节日》中有一个描写宗教仪式的场景，整个场景绝大多数镜头都是近景和特写，很多细节甚至用大特写进行精描细画，具有极强的纪实表现力。

图 6－11 斯里兰卡的宗教节日

第二节 位置调度

当我们面对一个视觉形象，拿起摄影机进行取景时，首先就要考虑是把这个视觉形象记录在画框内，还是处理到画框外，如果在画框内，应该把它摆在画面的什么位置。这就是位置调度。它包括两层含义：画内空间的布局和画外空间的处理。

一、画内空间的布局

画内空间是指取景框范围内的空间。在摄影的取景过程中，记者第一步就是要决定把被摄对象放在画内空间的什么位置上。因为对视知觉的研究发现，画内空间的位置是影响视觉注意力的首要因素。

1. 趣味中心

我们将画框上下和左右各等分为三，就会形成一个“井”字，画面上会出现两条横线和两条竖线，这四条线处在画面的黄金分割位置，称作“趣味线”。四条趣味线相交形成四个相交点，称为“趣味中心”。在一个画面中，趣味中心往往是视觉注意的重点，所以也习惯地把趣味中心称作“视觉中心”，通常摄影记者

图 6－12

会把主要被摄对象放在趣味中心的位置。世界新闻摄影比赛获奖作品《格罗兹尼的居民》，采用全景的画面形式将主体人物放在画面的趣味线上，而在画面的一个趣味中心上则是电视机屏幕上的弹洞，精确的位置调度明确地显示了战争对百姓生活的影响。

世界新闻摄影比赛儿童评审团大奖作品反映了在北方联盟控制下的阿富汗妇女的地位，一个七岁的小女孩冲着摄影师笑，读者一眼就能看到作为新闻主体的小女孩，因为她灿烂的笑脸处在画面的趣味中心上，接着会注意到她的姐姐们那两双警觉而好奇的眼睛是处在一条趣味线上。

2．意味中心

除了趣味中心的位置外，在画面内还有一些比较特殊的位置，它们在拍摄中经常被用来表达象征性的含义。当一个人物被处理在这些位置上时，他往往会被赋予一些象征或隐喻的意味。

图 6－13

（1）中央位置

几何中心是画面中两条对角线的交点，它位于画面的正中，习惯上被称作“中央位置”。中央位置的调度方式将被摄对象安排在画面的几何中心，既易于吸引观众的注意力，又易于形成对称的结构，能够产生稳重、庄严的效果。在拍摄重要人物或事物时，记者往往采用这种几何中心的位置调度，以示尊严、庄重和神圣。比如，纪录片《周恩来外交风云》开篇有一段对江泽民总书记的采访，记者就使用了这种中央位置的调度方式，增强了这部传记影片的历史厚重感。几何中心的位置往往具有比较强烈的象征色彩，运用得当能产生比较好的艺术效果。比如，记者在拍摄天安门时候，也常常采用中央位置调度，强化了作为中华人民共和国的象征——天安门在中国人心中的重要地位。

（2）顶部位置和底部位置

画面的中央位置涵盖着几何中心，几何中心将画面的中央位置分为上、下两部分，上面的称为顶部位置，下面的称为底部位置。

当被摄对象处在顶部位置时，可以表现出一种权力、一种威望和雄心壮志。我们常把权威人士放在顶部位置，好像控制了下面的一切。当被摄对象处在这个位置时，具有从属、脆弱和无力的特征。当画面内有两个或两个以上的人物，大小又很接近时，处于银幕底部的那个人就像受上面那个人的控制。《赫鲁晓夫与林肯》这张照片是美国记者伯特格林拍摄的。1959 年在美国访问的赫鲁晓夫参观林肯纪念堂时，记者一反高峰报道的常规将被摄主体安排在画面的底部，而顶部是象征着美国精神的林肯雕像，照片暗示出美国精神的强大力量对赫鲁晓夫的那种威慑。有时候底部位置还常常用来象征性地表示危险。

（3）边缘位置

远离画面中心位置而显得不重要。当人被刻意安排在这些位置时，常显得“无足轻重”。或者是当一个人处于某种逆境，受到某种打击时所感到痛苦、悲伤的情绪。

纪录片《最后的山神》中有这样一个段落，看到雕刻着山神像的树被伐倒了，老萨满伤感地坐在树根旁望着残破的山神像发呆，摄影记者将雕刻着山神像的树根处理在画面的中央位置，而将老萨满放在画面的边缘位置，既揭示出山神像在老萨满心中的分量，又表现出他此时的悲伤情绪。

法国纪实摄影家马克·吕布拍摄的作品《北京·1965 年》就是一个典型的运用精确的位置调度拍摄成功的作品，被摄主体居

图 6 - 14

于边缘位置的画面样式颇有意味。

总之，摄影记者对被摄主体进行位置调度，不管是将其放在“趣味中心”，还是“意味中心”，最终还是要运用一切视觉手段使其成为观众注意力集中的地方——“构图中心”。

3. 构图的封闭和开放

封闭式构图将视觉元素精心设计安排在画面中，处在平衡的位置上，空间似乎是封闭起来的，缺乏与画外空间的联系。注重画面的形式感，纪实色彩较弱。

开放式构图强调非形式地、朴素地安排视觉元素，更像是信手拈来的抓拍效果，纪实色彩浓厚。往往更强调真实自然的艺术效果。常常利用画内视觉形象的视线、动势来加强与画面外部空间的联系，使画面产生一种向外的张力。

二、画外空间的处理

画外空间：就是指屏幕四个边框之外所存在的空间，它是观众视觉所看不到的空间，只是凭想像所感知到的空间。画外空间基本上除了屏幕上下左右四个边框之外，尚有摄影机背后和画面纵深背后，共有六处画外空间。画外空间虽然不被观众所看到，但却能被观众所感觉到。它与画内空间相互作用，共同完成艺术表现作用。

“画外空间”在《电影实践理论》中被称为“绝妙的简练陈述”。在电影史上成功运用这种手法的是安德烈·杜邦的电影《杂耍》中一场殴斗的场面。主人公强宁斯和他的敌手滚倒在地上，银幕暂时空无一人。然后一支持刀的手从下面入画，并且立刻一刀扎出画面，做了致命的一刀。然后是强宁斯站起来，一个人单独升入画面。

“画外空间”以含蓄的手法暗示事件的方式，适于表现那些不宜在屏幕上出现的镜头，避免对观众产生强烈的视觉刺激。或者当编导感到直接表现这些事件过于简单时，就用它。

营造画外空间的方法有很多，比较常用的有：

1. 利用主观镜头进行拍摄

使用眼镜摄像机偷拍模拟主观视点，能带给观众身临其境的参与感。

2. 利用画外声音的介入，创造画外空间

1985年6月7日，日本举办了《日本一日》摄影活动。NHK派出记者跟随一些摄影师的活动，拍摄了专题片《世界摄影师在日本看到了什么》。其中一段《产房内》就很好地利用画外声音营造出“画外空间”的感觉，含蓄地表现了产妇生孩子的过程。

第三节　角度调度

选择角度是镜头调度的一个重要方面。它包括：朝向和高度。

朝向：是摄影机镜头与被摄对象在水平方向上构成的夹角。

高度：是摄影机镜头与被摄对象在垂直方向上构成的夹角。

一、朝向

从朝向来分，有以下几种常见的角度：

1. 正面角度

摄影机处于被摄者的正面方向，表现被摄者的正面特征。观众的视线等于摄影机的镜头，正对摄像机镜头的人物，容易与观众产生“面对面”的交流感。所以在电视屏幕上，主持人大多是面对镜头，发表看法，报道新闻的，他脸上的任何一点表情都容易引起观众的反应。因而，当我们要充分表现一个人的面部表情时，总爱使用正面角度。这时对观众的刺激最强烈，最容易引起观众的兴趣。《温斯顿·丘吉尔》是加拿大著名摄影师卡什拍摄的，在拍摄过程中丘吉尔的状态不是很好，记者急中生智一把夺过丘吉尔手中的雪茄烟。

就在丘吉尔面露愠色的当口，记者适时地按动了快门，十分传神地表现了丘吉尔首相的个性，正面的拍摄角度对观众的视觉和心理刺激也是最强烈的，在一个画面中人物的正面形象是最引人注意的视觉中心。比如，中央电视台拍摄国家主席对全国人民的新年祝词都是采用正面角度。又比如，在海湾战争中，CNN转播美国总统布什的电视讲话全部采用的是正面角度。

正面角度采用对称的构图形式，均衡稳重，常常用来拍摄一些雄伟、庄严的建筑物，比如，天安门、人民大会堂等，使观众产生强烈的景仰感。但是正面角度拍摄缺少透视变化，容易带来平面的效果。

图 6－15

2. 侧面角度

摄影机处于被摄体的侧面方向。人物面向画面左边或右边，侧面轮廓鲜明，人物形体动作也得到了比较好的展示。

这张照片采用侧面的拍摄角度很好地表现了钢琴师演奏的形体语言。

这是一种适合表现被摄者运动的角度，可以清晰地展现其运动轨迹。

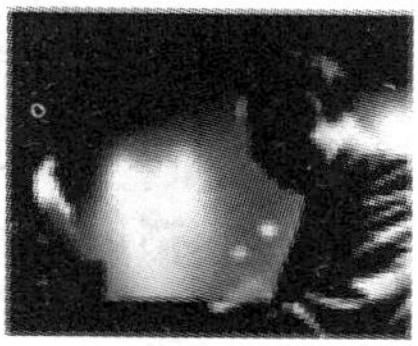

图 6－16 钢琴师

1997 年柯受良驾车飞跃黄河，拍摄这一壮举的最佳角度是从侧面。

但是侧面角度对人物的表情刻画冲击力不强，尤其是观众看不到拍摄对象的眼睛，难于知道拍摄对象内心深处的想法，郑鸣拍摄的《倒闭后的滋味》是通过对人物动作、神态等多层面信息的传递，弥补侧面角度揭示人物内心的不足。但侧面角度常常给人一种冷静旁观的

6－17 柯受良飞黄

图 6－18

心理感受，在对新闻事件的报道中也有其独特的魅力。

侧面角度形成的这种距离感，使观众对被摄者产生一种心理的疏远，不易形成交流互动。在电视新闻采访谈话时，要尽量避免使用这种角度。

3．斜侧角度

摄影机处在被摄者正面和侧面之间的位置，人物3/4正面朝向镜头，有助于突出人物面部的立体感，透视效果比较好。这种角度既能很好地刻画人物的面部表情，又能减少正面角度对观众带来的心理压力。在一个画面中，斜侧角度的人物对观众的视觉吸引力仅次于正面角度。这是电视新闻采访中，最常用的一种角度。

4．背面角度

摄影机处在人物的背面，人物背对摄影机镜头。这是一个含蓄的角度，它不适宜表现人物的表情，但可以通过他们的动作，去想像人物的心理，有一种情绪的张力。摄影大师哈尔斯曼在为英国前首相丘吉尔拍摄时，一反常规地从人物背面拍摄，极富韵味地表现了曾经在国际政治舞台上叱咤风云的人物平静的晚年生活。曾获荷赛最佳新闻照片的《单枪匹马》中，罢工工人高大、强壮的背影，居中的位置调度，大有一夫当关万夫莫开的感觉。

总之，观众的视线等于摄影机的镜头，和镜头面对面的拍摄对象决定了我们的情感反应。我们看到的拍摄对象的脸部越多，对他也就越亲切，情感也就越强烈。

图6－18　单枪匹马

二、高度

1. 平角度

摄影机处于与人眼相等的高度。视觉效果接近于人们在日常生活中观察事物的情况。因此，给人一种平等、客观的感觉。平角度经常被用在新闻和纪录片的拍摄中，因此肩扛摄像机成了新闻摄影记者最常用的执机方法。

2. 仰角度

摄影机镜头光轴偏向视平线上方的拍摄方式，也称为“仰拍”。采用仰角度拍摄时，摄影机低于拍摄对象，视觉效果有一种从下往上看的仰视效果，被摄对象显得高大、伟岸，给观众一种景仰、崇敬的感情色彩。《星条旗插上硫磺岛》采用仰角度拍

图 6－19

摄，具有很强的雕塑感，攻占硫磺岛的美军士兵被塑造成了英雄。

3. 俯角度

摄影机镜头光轴偏向视平线下方的拍摄方式，也称为“俯拍”。采用俯角度拍摄时，摄影机高于拍摄对象，有一种从上往下看的俯视效果，在特殊场合可以表现一种蔑视的情绪。新闻调查《西古县村纪事》中记者采访官僚主义严重的县人大常委会副主任时，就使用了俯角度拍摄，表达了自己对官僚主义的态度。

第四节 运动方式调度

运动方式调度是影视摄影所独有的艺术表现手段，这种独特的表达方式是影视摄影区别于图片摄影的标志。

一、固定镜头调度

固定镜头调度是在拍摄一个镜头的过程中，摄影机机位、镜头光轴和焦距都固定不变，而被摄对象可以是静态的，也可以是动态的。用固定镜头拍摄类似于人的静观，既是一种比较深入的观察，又带有比较强的客观色彩。固定镜头拍摄的景物适合于在节目中担负介绍环境、转场交待等作用。固定镜头拍摄人物适合于在节目中担负采访、介绍人物、展现冲突过程等作用。

拍好固定镜头要注意：

1. 画面稳定

稳定是固定镜头拍摄的基本要求，所以在条件允许的情况下，尽量使用三脚架。

2. 构图精确

从画面的形式上看，固定镜头类似于图片摄影，所以固定镜头的构图要经得起推敲。从拍摄距离、主体位置和拍摄角度等方面，控制都要十分精确。

3. 光线营造

固定镜头拍摄人物采访的光线设计和布置首先要满足技术要求，进而考虑节目整体采访风格要求，最后在条件允许的情况下刻画人物性格。固定镜头拍摄场景时对光线的利用和设计重点在于营造自然光照明的效果。

4. 动作连贯

固定镜头拍摄人物动作的难度是很大的，动作经分解拍摄，编辑时常常无法保证其连贯性。解决的关键在于景别的选择。最简单的方法莫过于用全景记录下完整的动作过程，但是这种方法往往不符合大多数节目制作的要求。最佳解决方法是用全景保证形体动作的完整，并交待场景的位置、动作方向等，然后用更小的景别中景、特写，有时甚至是大特写记录动作的关键细节，此时要考虑动作的方向感，或强化，或削弱，最后通过细节镜头的组接营造一个完整动作的感觉。

5. 景深控制

固定镜头的景深控制直接影响镜头的风格。小景深有助于突出主体，形成鲜明的视觉注意。大景深强调展现画面内部的矛盾冲突，丰富的画面信息能够维持观众的视觉注意。

6. 节奏把握

固定镜头的节奏受到画面内部被摄对象运动的影响。固定镜头长时间拍摄静止的被摄对象会使节目节奏缓慢，应该尽可能地采用一些方法来调整，比如，插入一些其它画面来破一些单调没有变化的镜头。固定镜头拍摄运动被摄对象，可以通过角度和景别的变化来调整节奏。

二、运动镜头调度

运动镜头调度是在拍摄一个镜头的过程中，通过摄影机机位、镜头光轴和焦距的变化，有意识地调整观众视觉注意的重点，以完成介绍环境、描写动作、表现情感、把握节奏等作用。运动镜头调度有以下几种类型：

1. 推镜头

推镜头又称“推”，摄影机借助移动工具或人，沿光轴方向靠近被摄对象，拍摄距离的改变使被摄对象在画面中所占比例增大，类似于日常生活中人由远而近的观看过程或渐渐靠近的效果。由远观其势到近取其态、由群体到个体、由整体到局部，突出和强调作用明显。

拍摄推镜头要注意：

（1）推镜头的过程分为三个部分：起幅、推进、落幅，重点是落幅。起幅和落幅要准确，构图要到位，并保持一定的时间长度，为后期编辑打好基础。推进要稳、要匀，并逐渐地为落幅找好构图。

（2）改变推进速度可以调整影片节奏。根据表现需要，可以通过急推镜头来造成比较强烈的艺术效果。

（3）推镜头具有突出和强调的作用，不能漫无目的地使用。记者应根据内容发展的需要，适时地运用推镜头以突出重点人物和事物、强调细节在事件发展中的作用、暗示起幅和落幅的关系。比如，“9·11”事件中法国摄影师在拍摄第一架飞机撞击世贸中心大楼时就是用了推镜头，起幅是世贸中心的远景，观众看到一架飞机穿过鳞次栉比的高楼撞进了世贸中心大楼，摄影师变焦推上去拍摄，观众在落幅中看到浓烟从楼中间的大洞中滚滚而出。

2. 拉镜头

拉镜头又称“拉”，摄影机借助移动工具或人，沿光轴方向远离被摄对象，拍摄距离的改变使被摄对象在画面中所占比例缩小，类似于日常生活中人由近而远的观看过程或渐渐远去的效果。由近取其态到远观其势、由个体到群体、由局部到整体，具有引发联想、交待对比、设置悬念等作用。使用变焦距镜头由长焦距向短焦距的调整也可以取得类似拉镜头的效果，称作“变焦拉”。“变焦拉”和“拉”视觉上的差别主要在背景空间和景深，变焦拉更像是人视线扩展的过程。

拍摄拉镜头要注意：

（1）拉镜头运动方向与推镜头正好相反，但是拍摄的技术要求与推镜头却十分相似，可以参考上面推镜头的拍摄注意。

（2）拉镜头对环境的介绍常常产生一种奇观效应，比如，纪录片《龙脊》开头用了一个拉镜头介绍小学的环境，起幅是俯拍的小学全貌，随着镜头的缓缓拉出，观众先是看到层层梯田，继而是群山的叠抱，落幅出片头字幕龙脊，观众在感叹的同时不禁产生无限遐想。

图 6－20　龙脊

（3）拉镜头所产生的悬念能产生很好的表现效果，纪录片《走索艺人》中有这样一个镜头，全景我们看到一个人平伸双臂保持着身体的平衡，在一根铁索上挪动着脚步，观众疑惑这个人是在哪里？干什么？镜头拉出，发现铁索架在两山之间，下面是万丈深渊，前景中有很多游客在观看这惊险的走索表演。

（4）拉镜头常常能产生很巧妙的对比，比如，一则电视新闻批评某地大兴土木为死人建阴宅，起幅看到一座座豪华的坟墓，镜头拉出，观众看到这一片片坟场竟然是在一个山清水秀的旅游景区，由强烈对比产生的意义是很深刻的。

3. 摇镜头

摇镜头又称“摇”，摄影机位置不动，摄影机光轴沿水平、垂直等方向运动拍摄，被摄对象可以是运动的，也可以是静止的，最终的画面都是动态的。用摇镜头拍摄运动物体可以展现运动轨迹，并通过一定程度的环境虚化突出运动本身；有时候配合一定的情节内容还能起到揭示被摄对象情绪、情感的作用。用摇镜头拍摄环境可以突破取景器的框架限制，并通过景物的渐次展现，产生巡视效果。摇镜头还经常通过建立起幅和落幅之间的一种特定联系，产生引申意义。

拍摄摇镜头要注意：

(1) 摇镜头分为起幅、摇动、落幅三个部分，大景别要注意地平线在画面中的位置，小景别要注意景深的控制，跟焦点要准。

(2) 摇动速度要符合情节内容和人物的观赏心理。在拍摄赛车比赛时，跟摇赛车就不能是缓慢地摇，而应该与运动物体的速度保持一致。在介绍故宫的建筑风格和布局时，摇动的速度就要舒缓，仿佛在为观众展开一幅精美的画卷。

4. 移镜头

又称“移动摄影”，摄影机借助移动工具，进行纵深移动或横向移动，被摄对象可以是静止的或运动的。

拍摄移动摄影要注意：

(1) 注意移动轨迹与被摄对象的运动方向的关系可以一致，也可以相反。

(2) 注意前景的选择。

比如，笔者在奔驰的汽车上移动拍摄天空中的热气球，前景是路边的杨树，形成了很好的效果。

5. 跟镜头

又称“跟拍”，摄影机借助适当的工具或人体，跟随运动的被摄对象拍摄。跟拍可以很好地展现被摄对象的运动状态及其与环境的关系。纪录片《钢铁鲨鱼》中介绍潜艇兵在长期的潜航中怎样保持体力就是用一个精彩的跟镜头，跟拍一个士兵在战略导弹发射筒的夹道中进行长跑训练，画面中充满生命活力的双腿与冰冷的发射管形成了奇异的对比，引人深思。

在拍摄跟镜头时要注意：

(1) 保持被摄主体在画面中的位置。

(2) 要合理控制景深，保持主体的清晰。

(3) 可以使用推、拉、摇、移等拍摄手法。

三、手持摄影机调度

摄影师不用三脚架而用手持或肩扛摄影机的方式进行的拍摄调度，具有很强的纪实色彩。灵活的摄影机调度方式特别适合新闻和纪录片的现场取材，当然这种即兴的工作状态对摄影记者提出了很高的要求，高度的形象敏感和扎实的摄影基本功是保证手持摄影机取材成功的前提。在此基础上摄影记者还应该：

1. 了解叙事重点

电视新闻和纪录片现场取材的特点决定了电视新闻摄影记者就是现场的编导，他必须全面了解节目的拍摄意图，并根据事件发生、发展的状况，确定每一场景所要拍摄的重点，并运用恰当的摄影手法表现它。

2. 把握情绪变化

摄影记者随时把握被摄对象的情绪变化，能够有预见性地调整机位，找到最佳的拍摄角度。

3. 捕捉动作细节

手持摄影机拍摄的灵活性使记者能够准确记录下人物的动作细节。

第五节　采访摄影的实际运用

一、怎样拍摄一段生活场景

对一个现实场景的拍摄既是构建完整叙事的基础，它涉及环境描写、动作和情感表现、人物性格刻画以及主题揭示等环节，同时又是对现实生活场景的分解和重构过程，通过拍摄距离、拍摄角度、画面构图、运动方式的改变来引导观众看什么和怎样看。

摄影记者在拍摄过程中需要：

1. 了解叙事重点

电视新闻和纪录片现场取材的特点决定了电视新闻摄影记者就是现场的编导，他必须全面了解节目的拍摄意图，并根据事件发生、发展的状况，确定每一场景所要拍摄的重点人物及其动作以及动作所依托的空间介绍，并通过一系列镜头分别加以表现。

2. 合理分切镜头

分切镜头是表现一个场景最基本的电影形式，它用一系列不同拍摄距离、不同拍摄角度，以不同运动方式拍摄的画面结构各异的镜头引导观众，以形成对该场景的整体认识。这一系列镜头可以由一个主镜头和其它分镜头组成。

(1) 要营造逼真感

在真实性原则的指导下，新闻和纪录片分切镜头拍摄要保证空间的统一性，其中关键是通过摄影机位置的选择使同一场景中的“两个或多个动作元素同时存在”(安德烈·巴赞语) 于主镜头中。比如，在拍摄纪录片《北方的纳奴克》中狩猎海豹的经典段落时，弗拉哈迪先将猎人纳奴克和冰窟窿中的海豹安排在一个主镜头中，使观众对捕猎场景产生整体的逼真感，然后再分切拍摄，以确保叙述的简练。

图 6－21　北方的纳奴克

（2）要遵守轴线规律

分切镜头拍摄的摄影机位置选择是关键，选择机位时要考虑轴线规律。轴线是被摄对象的视线方向、运动方向和对象之间关系所形成的一条假定的直线。轴线规律就是在同一场景、前后相接的镜头拍摄过程中，为了保证空间和方向的统一，摄影记者应该在轴线一侧 180°范围内调度摄影机的位置。

纪录片拍摄的特殊性需要灵活运用轴线规律，不断运动的摄影机连续跟拍处于活动状态的被摄对象，轴线在运动中灵活地变化着，而摄影机的运动也使观众意识到越轴的存在。比如，跟拍记者和被采访对象边走边采访，这时既有二者谈话的关系轴线，还有他们走动的方向轴线，机位的设置范围是相当大的。当然在前期拍摄过程中，摄影记者还应有意识地拍摄一些无明确方向性的镜头，比如，细部特写等，方便后期编辑使用。

但是在一些特殊的题材，比如，足球、排球、篮球等的转播机位设置就要认真考虑轴线规律，还有在一些电视节目类型中运用也十分普遍，比如，电视谈话、电视访谈等就应该严格遵守轴线规律。

3．把握情绪变化

摄影记者随时把握被摄对象的情绪变化，能够有预见性地调整机位，找到最佳的拍摄角度。

4．捕捉动作细节

电视新闻和纪录片常常采用手持摄影机拍摄，便于记者准确记录被摄人物的动作细节。

镜号	景别	画面内容	同期声
1	中景		快点过来蕊蕊，好孩子听话，挨着爸爸坐
2	中景		不，你们老训俺
3	特写		你都六岁了，明年上学了，这么任性还行啊
4	近景		过来，改了就是好孩子，过来。 你把缺点都改了，爸爸妈妈就不批评你了。

5	特写		怎么了？蕊蕊
6	特写 跳轴		晚上饿了不能吃了。(妈) 好歹你爸爸回来一家人吃顿饭。
7	近景	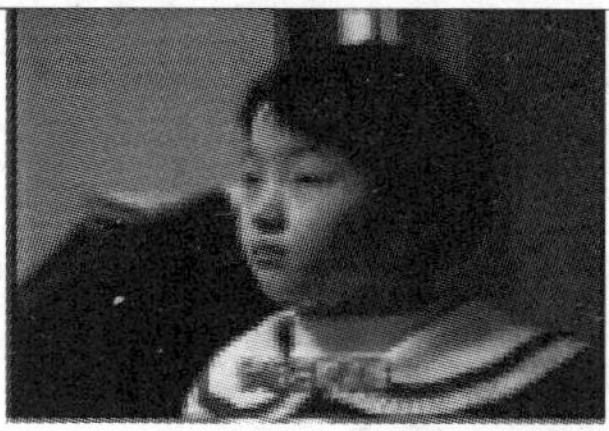	你就在那闹腾，真是。
8	中景		今天妈非要我陪弟弟下国际象棋。

9	近景		我不想陪他下。(爸) 你弟弟怎么陪你练舞蹈呢。(蕊) 他没陪过一次。(爸) 你在里边练舞蹈，你弟弟在外面站着等着你，你咋不说了呢，你是姐姐嘛不是？
10	中景		你这么自私还行？什么事光管你个人。你弟弟现在学国际象棋得两个人下，他自己怎么下。在家里你陪陪他不应该吗？为这个批评你应该。
11	中景		几天不见面一点进步也没有这还行啊 (妈) 你越叫她，她越来劲。
12	近景 跳轴		(弟) 你这样爸爸不喜欢你，我也不喜欢你了。

13	中景		(弟) 全家人都不喜欢你了。 (爸) 你吃饭，没你什么事。
14	近景		(妈) 她一个小孩我还能去给她认错去。 (蕊蕊) 你就得跟我认错。 (妈) 没数了你。
15	近景		你有了错你妈不说你，你个人又不知道，将来你的错会越来越多。 (蕊) 她说我。 (父) 她说你就对了，让你改正错误。
16	近景 跳轴		她不喜欢俺。 (妈) 你这样我永远不喜欢你

17	特写		（爸）不是不喜欢你，什么时候不喜欢你？
18	特写 跳轴		你和弟弟都一样，都是爸爸妈妈的孩子，怎么不喜欢你？
19	特写 跳轴		就不喜欢俺。

20	景深镜头		你弟弟有缺点妈妈也批评他，不一样吗。他有了错她很少批评他。（爸）怎么少批评啊。哪一次错了不批评他啊，你弟弟的错比你少这是事实。你太任性，你像这个你该吃饭不吃对不对。
21	近景跳轴		就是爱太少了，我跟你说。平时你也不在家，接触人太少我看她是。
22	近景跳轴		怎么着你过来吧。你不喜欢俺。（爸）蕊蕊也有优点，舞蹈跳得不错。画画也很认真，脾气得改。
23	近景跳轴		来吧，听爸爸的，快，听见没有，哎，好孩子。

24	中景 跳轴		快吃吧，都凉了。

图 6－22

二、怎样拍摄人物采访

人物采访的拍摄在电视新闻和纪录片中运用十分普遍，这种看起来简单的拍摄方式，实施起来并不简单。首先，采访在一个节目中往往占有相当大的比例，采访画面的拍摄是否符合内容要求，是否精致优美，往往成为决定节目质量的关键因素。其次，采访画面也常常影响整个节目的风格，比如，具有特点的构图和用光都会以独特的风格吸引观众的注意。因而对于采访画面的拍摄，编导和摄像记者决不能草率处理。

常见的人物采访拍摄方式有两种：单机拍摄和双机拍摄。

1. 单机拍摄

运用一台摄像机拍摄人物采访灵活方便，适用于大多数电视新闻节目的采制。在采访中要注意：

（1）环境的选择

首先，要有利于突出被采访对象，这是人物采访拍摄的基本要求，比如，很多纪录片在进行人物采访时将人物安排在单纯的黑色和蓝色背景前进行，风格化和形式感很强，比如，纪录片《兄弟连》对 101 空降师老兵的采访就是在黑色背景前进行的，既有效地吸引了观众的注意，又体现了口述者对历史的尊重。

其次，在确保主体突出的前提下，可以考虑以环境来增加信息量，可选择一些能反映事件性质或人物身份的背景，比如，纪录片《中国台湾问题》为专家采访专门设计了一个中国版图背景，并以光线突出了台湾部分，突出了这些采访的主题是有关台湾问题的，又比如，该片在采访故宫博物院副院长朱诚如时，就以故宫造型独特的黄屋檐为背景，点出了专家的身份特征。

图 6－23

最后，要注意手持摄像机的即兴采访经常是在被采访者正在进行的动作过程中完成的，而且手持摄像往往选择广角镜头，画面往往容纳很多的环境，这样虽不利于采访背景的简化，但却增强了节目的纪实色彩。奥斯卡获奖纪录片《科伦拜恩的保龄》中，编导对美国来复枪协会会长的一段即兴采访非常成功。

图 6－24　科伦拜恩的保龄

（2）景深的控制

人物采访的拍摄要突出被采访对象，一般来说会选择小景深，使背景适当的虚化，显得更加简洁。但是在一些特殊的采访情况下，比如，环境背景有很强的装饰感，或者是能够烘托采访主题等等，摄影记者刻意选择大景深来完成采访摄影，这种拍摄的关键是要通过构图来使被采访对象成为视觉中心。

（3）视线的方向

人物采访的拍摄很关键的是要形成与观众的交流感，采访对象的视线方向对交流感的形成影响很大。摄影记者的站位应紧靠采访记者，所摄画面效果是被采访者四分之三面部对着观众，视线看着画外记者。在采访拍摄过程中，其他摄制组成员和无关人员应减少活动以免引起被摄对象视线飘忽不定。正常的采访拍摄是一种平视效果，机位高度应与被采访者视线一致，但有些时候出于形式感的要求或为了表达一定的情绪，也可以灵活采用仰角度，甚至是俯角度，但要慎重。《新闻调查》制作的《西谷县村纪事》中有一段对一位有着四十多年党龄的普通村民的采访，从拍摄现场实际出发的仰角度运用适当地表达了记者对这位位卑未敢忘忧国的老党员的敬重。

（4）细节的捕捉

在人物讲述的过程中摄影记者应该注意捕捉一些生动的动作细节，配合语言内容产生 1＋1＞2 的效果。《西古县村纪事》中有一段对县人大常委会副主任的采访，记者在他“嗯嗯啊啊”打着官腔时，抓拍下他摇晃着的“二郎腿”，将一个官僚形象刻画的淋漓尽致。

（5）反打的拍摄

单机采访主要以正面角度拍摄被采访者，采访结束后可以反打镜头从被采访者后面拍摄采访记者的提问和反应。拍摄反打镜头要注意人物对话的轴线，反打机位与采访机位应设置在轴线的同侧。

2. 双机拍摄

采用两台摄像机拍摄人物采访，有两大优势：一是可以在记者提问过程中记录下被采访者的第一反应，增强语言交锋时的戏剧性冲突，这种冲突常常成为一种娱乐性因素而增加了节目的可视性。二是有助于表现采访记者的个性风采和机智的提问，很多知名电视记者就是通过这种采访方式脱颖而出的。比如，华莱士采访邓小平就是很典型的例子。双机拍摄在采访中要注意：

（1）遵守轴线规律

双机拍摄的机位设置要遵守轴线规律，这时的轴线就是采访记者和被采访对象之间交流的视线。两台摄像机应放在轴线的同一侧，并且应尽量靠近轴线。

(2) 灵活运用内、外反拍角度

通常情况下，摄影记者采用外反拍角度拍摄采访记者，带有强烈的客观色彩，画面以被采访者为前景，采访记者面对摄像机镜头，受到观众充分注意。采用内反拍角度拍摄被采访者，画面没有前景而是被采访者直面摄像机镜头，逼真地模拟出采访记者的主观视点，而此时的采访记者又代表了观众的视点，很容易形成被采访者和观众之间的交流互动。而且内、外反拍角度景别和画面形式上的差异也更容易突出采访的主体——被采访者。

影像实验一：

纪录片《家在我心中》父女分别的片段中：地铁马上就要到成田车站了，为女儿送行的父亲准备下车，告别女儿。假如你在现场拍摄，那么，在父亲下车的那一刻，你会选择镜头跟着谁走呢？

影像实验二：怎样分镜头拍摄一个生活场景

下面是纪录片《从毛泽东到莫扎特》中音乐演奏会，请大家

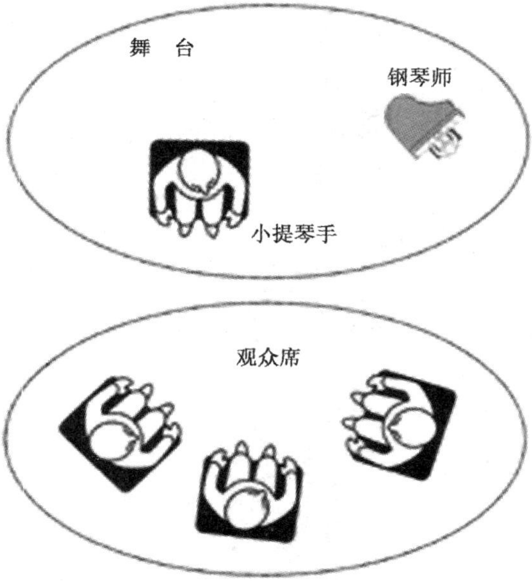

图 6－50

选择合适的机位设置。

附录：胜利之吻的背后

“即使我到了天堂，人们都会记得我，”艾森斯塔特说，“人

们能会不记得我的名字，但他们会知道有位摄影师拍过这么一张照片——在二战结束时，一位护士被一名水兵拥吻。每个人都会记得这回事。”

1945年8月，当日本无条件投降的消息传来，艾斯塔特立即从《生活》杂志社出发，狂奔过几个街区，赶去拍摄时代广场的庆祝活动。在那里他发现，一名水兵正在一个接一个地亲吻他所看见的每个人，摄影师艾森斯特塔得以拍下了好几张照片。

但问题是，摄影师拍的那名水兵是谁呢？后来发生的事充满了戏剧性：此后几十年里，竟然有40多名男子和至少6名的护士声称自己就是当年的“剧中人”，有人甚至把他们的律师也带来了。艾森斯塔特本人也无法辨别个中真伪，因为当年在熙熙攘攘的人群里四处抢拍画面的他，根本无法把被摄者的名字一一记下。

这几张看上去基本相同的底片各有分工。《生活》杂志的图片编辑在这条35毫米底片的边缘刻出一些凹槽，向暗房技师表明哪些要放大成8×11英寸的照片，哪些又要放大成11×14英寸照片。为了便于保存，现在这些凹槽已经用透明胶带封好了。

作者：艾尔弗雷德·艾森斯塔特

作品名称：胜利之日（摄于1945年）

采访时间及地点：1992年3月，纽约市

拿底片的人：艾尔弗雷德·艾森斯塔特

（引自《摄影世界》，第78页，新华社摄影部主办）

第七章 蒙太奇思维、叙事结构和编辑技巧

第一节 蒙太奇思维

“蒙太奇”一词最早来源于法语，原意是装配、安装，后来被借用到电影中，被普多夫金称为，“电影导演的语言”。研究电影理论史，我们会发现：蒙太奇有两方面的意思，一方面是指镜头组接的技巧手段，也就是我们大家通常所理解的蒙太奇，或叫画面的剪辑；另一方面是指影视工作者的蒙太奇思维方式，这种思维方式作为一种创作观念，则贯穿于节目制作的全过程，不同创作者所具有的不同的创作观念，或者说蒙太奇思维方式的差异，将直接影响节目的整体风格、构思和结构。

一、蒙太奇思维方式的确立和发展

1. 早期的电影

图 7－1 工厂大门

最早的电影只是作为一种新技术的显示和简单的游戏被人们认识的。当时的电影制作者对蒙太奇的认识几乎为零，他们在摄制影片时，只是简单地把摄影机安放在适当的位置，用一系列的画格不间断地记录下人或事物的动作。卢米埃尔 1895 年摄制的《工厂大门》，就是将摄影机放在自家工厂的大门旁，摄下走出工厂的男工们和女工们。由一个镜头构成

的影片《工厂大门》中还不存在现代意义的蒙太奇，但是却不容置疑地包含着蒙太奇元素——时间、空间以及在时空中发展着的动作，只不过人们还未意识到这些元素在电影叙事系统中的作用。

2. 时间的压缩

早期电影发展到梅里埃时期，随着电影内容逐渐丰富，表现力逐渐增强，开始出现了最早的蒙太奇，也就是将不同时间、空间的各个场景连接起来，叙述一个完整的故事。

下面请看梅里埃的《月球旅行记》，这部影片包括30个场景，将登月旅程浓缩在15分钟的放映时间中，体现了蒙太奇对时间的解放。但是大家可以看到，这些场景的转换仍然摆脱不了舞台空间的限制，它的摄影机位置始终固定不变，空间仍然没有获得真正的自由。

图7-2 月球旅行记

3. 空间的分割

1900年英国电影制作人史密斯在《祖母的放大镜》一片中，开创了在同一场景中交错使用远景镜头和特写镜头的手法，创造了真正意义上的蒙太奇。

4. 动作的分解

1902年，美国摄影师鲍特开始尝试做一些电影剪辑的实验，摄制了影片《一个美国消防队员的生活》，这部影片在制作方法上实现了三个突破：

第一点突破是，它确立了表现动作的新形式，他把动作分解为小的单元，使导演获得了表现动作的自由，能够运用多个镜头去表现一个复杂的动作。

第一组镜头：

消防队员到达火灾现场，云梯搭上了失火大楼的窗口，接着水柱喷向失火大楼。

第二组镜头：

失火的屋内，一个女人和她的孩子被浓烟烈火笼罩，危在旦夕。正在此时，一个消防队员破窗而入，将这个女人救走。

第三组镜头：

失火大楼的外边，被救的母亲跪在地上，哀求消防队员回去救她的孩子，一个消防队员自告奋勇攀上大楼，救出孩子，孩子见到母亲，扑到母亲怀中。

这些镜头有的是一次真实的火灾新闻镜头，而有的是鲍特后来在摄影棚内补拍的。然而影片通过镜头的组接，互相补充，互相修饰，流畅地表现了事件的过程。这种叙事结构的成功，意味着并不是必须用一个镜头去表现一个完整的意思，也可以通过一组镜头去实现这个目的。

第二点突破是，它打破了对空间的限制。

当时的影片，每一个动作都是在单一的背景上发生的，其空间表现类似于戏剧中的一幕。不同镜头间不存在动作的连续性。在《一个消防队员的生活》中，导演将真实的事件中的动作和后来补拍的动作组接在一起，并没有打破动作的连贯性，因而形成了只存在于银幕上的统一的电影空间。这一点的意义是十分巨大的。

第三点突破是，它形成了新的时间观念。

这个片子的开头是一个消防队员坐在椅子上打盹的镜头，他梦见一个女人和孩子被困在熊熊烈火的房子里。紧跟着一个镜头，警笛把他惊醒，接下来四个镜头是救火队员赶到火灾现场，再接下来就是我们刚刚说过的高潮一段。

从这里我们可以看到，一个很长的时间过程被压缩了，但是并没有给我们造成动作中断的感觉。鲍特就此告诉人们，记录不完整动作的单个镜头，是构成一部影片所必需的基本组成单位。这奠定了剪辑理论的基础。也可以说，蒙太奇思维开始初步形成。

二、蒙太奇思维的发展

1. 叙事蒙太奇的发展

鲍特在《一个美国消防队员的生活》中所形成的蒙太奇技巧，对保证动作的连续来说是简单而有效的，但鲍特所创造的动作连续性的简单方法有其局限性。最根本的局限在于摄影机拍摄每个动作都是在一个特定距离上进行的，基本上是远景，对所摄动作的细节无法进行选择，不能引导观众的注意重点。

随后他在《火车大劫案》中又实现了平行动作的剪辑，将同一时间、不同空间中，不同人们的动作连续组接在一起，以赋予时间和空间更大的自由度。这种平行动作的剪辑有着极强的表现潜能，而这种潜能在格里菲斯的电影《一个国家的诞生》中被充分地加以利用并得到了进一步的发展。

图 7-3　一个国家的诞生

(1) 格里菲斯奠定的好莱坞叙事风格

格里菲斯认识到了鲍特的局限性，他要使摄影机活动起来，探索了镜头的可变性和运动性。他在《一个国家的诞生》中对镜头的连接顺序是根据戏剧性的要求来确定的。在不违反鲍特的连续性原则的前提下，可以使观众看到较大场景中的一个新的细节，而这些细节积累起来强化了戏剧性。在这个追求下，格里菲斯开始有目的地调动摄影机的拍摄距离。比如，他意识到为了更好地表现一个演员的思想或感情，就必须使摄影机靠近演员，把他面部表情的细节放大地记录下来，这样就产生了特写。总之，要从适当的拍摄距离去拍摄不同的内容，景别的种类开始丰富起来了。

格里菲斯把完整的动作分解为几个部分，分解拍摄动作的高潮点，然后通过一系列镜头的组接来表现完整连续的动作，这种拍摄方式可以说是今天电影分镜头的雏形。比如，在电影《党同伐异》中，格里菲斯表现人从雄伟的巴比伦城墙上摔下的动作，他用远景表现人从城墙下跌落，然后用近景表现人摔到地面的细节。一个动作只选择了开始和结束，而省略了动作的中间过程，并没使观众对动作的连贯性产生怀疑。

在分镜头拍摄动作的过程中，动作的空间也被分割。在很多情况下这样比用一个固定空间再现一个动作更具有优势。因为，导演可以在特定的时间给观众选择特定的内容进行观看，进而引导观众的情绪，比如，在影片中制造悬念就常常利用这种动作空间分割的方法。需要注意的是，格里菲斯对动作空间进行分割，最终还是要给观众一个统一的空间感受。对空间统一性的强调决定了具体场景的处理方法是：远景配合细节。

格里菲斯在对空间进行分割的同时，还创造性地安排了镜头的时间。分割动作空间所形成的若干细节应该用多长的银幕时间来表现呢？在《一个国家的诞生》中，镜头的长短对于决定一个场景的欣赏效果起了很大的作用，在接近高潮时，格里菲斯就缩短每个镜头的银幕时间以加快剪接速度，这样可以造成紧张加剧的效果。在电影界久已闻名的“格里菲斯最后一分钟营救”，就是对影片节奏的创造性运用。

格里菲斯对时间的处理是比较自由的，根据情节的发展，或压缩或延伸，有时甚至完全打乱时间顺序，把过去和现在的情节连在一起，比如，他创造的闪回镜头就极大地丰富了电影的艺术表现力。

总之，格里菲斯第一次通过镜头组接引起了观众的情感反应，使蒙太奇具有了美学意义，而他也成为蒙太奇思维的创始人。总结起来，格里菲斯对时空的处理奠定了电影的传统。

（2）普多夫金的叙事风格

格里菲斯的蒙太奇思维重在叙事，也就是讲故事。他所使用的交叉剪辑、特写、闪回，甚至化出、化入等电影手法，在文学上都有出处。俄国的青年导演们在分析了格里菲斯的蒙太奇方法后，打算通过新的剪辑方法，不仅限于叙述故事，而且要对现实进行解释，并从实际事件中得出结论和抽象的概念。

普多夫金首先提出了“结构性剪辑”的理论，这一理论与格里菲斯的叙事有一个很大的区别是：格里菲斯用远景来表现场景，并插入细节的特写，以加强戏剧效果；而普多夫金则认为，场景必须是用细节组成的，因为细节是场景的有机组成部分，完全用这些突出的细节来构成一个段落，就能获得更强的感染力。

普多夫金的结构性剪辑对空间的处理是采用先分割后构成的方式，将许多空间片段通过一定的方式并列连接，创造出一个综合的整体空间，虽然这些空间片段彼此之间可能毫无具体联系，但是经过整合后在观众眼里是统一的。库里肖夫曾经做过一个剪辑实验，来说明这种构成空间在电影中的重要作用，他用了以下五个镜头：

一个男人自左向右走去；

一个女人自右向左走去；

男人和女人会面、握手；

一座宽敞的白色大厦，前面有宽大的石阶；

两人一起走上台阶。

白色大厦是取自美国电影中的白宫镜头，最后一个镜头是在莫斯科的一个大教堂拍摄的。虽然上述镜头是在彼此相距甚远的地点拍摄的，但是，整场戏给人的感觉却是在一个地方发生的事件，给观众一种统一的空间感受。

由于对场景的不同处理方式，格里菲斯和普多夫金所代表的这两种剪辑方式具有不同的艺术效果。普多夫金的“结构性剪辑”，作为一种叙述方式来讲，情节往往比较简单，他用一系列精心设计的细节构成他的场景，他关心的是这些细节在故事中的暗示作用，依靠故事中的这些细节的并列组接产生情感效果，更多的银幕时间被用来探讨事件的意义，缺乏生动性。格里菲斯的剪辑是通过演员的行为和动作向观众进行叙述，更注重故事中所蕴涵的矛盾冲突，从而揭示人性。

2．理性蒙太奇的发展

普多夫金的“结构性剪辑”从根本上说还是要加强叙事的戏剧性效果，它所强调的细节是为了营造戏剧性的情境，在叙事的过程中，穿插对事件的间接议论，这一点与“理性蒙太奇”还是有区别的。

爱森斯坦所宣称的“理性蒙太奇”不以叙事为目的，他所关心的是怎样从实际事件中引申出抽象的概念和结论。在他的影片中，故事成为一种能够承载思想的结构，可以很方便地表达作者的思想和意图。在这种理论指导下的创作技巧，不注重动作的连续性，而是强调具有纯粹理智性特点的结构；不注重空间的统一性，而是强调空间的对立和冲突；对时间的处理高度地自由。在影片《战舰波将金》中最为著名的奥德萨阶梯这个场景中，动作一方是手持冒烟的步枪、毫不留情的沙皇士兵，另一方是手无寸铁、奔跑着的人民群众。从上到下跑完奥德萨阶梯只需不到一分钟的时间，而爱森斯坦却用了长达几分钟的银幕时间来表现这一段，不断地将两方面的动作交叉剪辑，使两组镜头互相撞击，互相冲突，让观众

图 7－4 战舰波将金

从中悟出沙皇制度的腐败和人民忍无可忍的原因。这里，爱森斯坦并不想把这一段当作历史事件来进行描述，他把一个个具体的暴行抽出来，反复描写，其目的不是要表现一次具体的屠杀事件，而是表现沙皇政府屠杀平民的一般情景。由具体到一般，侧重于理念的表达，把不同时空、毫不相干的镜头进行对列，通过撞击产生了新的意义，这就是爱森斯坦蒙太奇美学的精髓所在。

3. 巴赞的电影影像本体论

巴赞的电影影像本体论的美学主张和美学理想是：注重表现对象的真实，强调通过电影影像直接再现现实世界的真实性、多义性和透明性；严守空间的统一，保持时间的真实延续，以求事实的真实可信；最后是强调叙事结构的自然、真实。

三、蒙太奇思维的心理学基础

我们知道，电影是通过摄影机观察并以影像方式记录客观物质现实及其运动的，蒙太奇思维使这种观察和记录更接近人们在日常生活中的观察体验。蒙太奇思维作为我们以电影手段再现或表现客观物质现实的方法，其心理学基础是：人们观察环境过程中注意力转移的规律和过程。心理学家研究表明，由于人眼的视界比较窄，这就决定了当人眼观察外部世界的时候，一次只能看到很小的范围，因此，人的视线不会固定停留在某一点，而是本能地从一个事物转移到另一个，不断地搜索、观察不同的事物。欧内斯特·林格伦在《论电影艺术》一书中对这种蒙太奇的心理学基础进行了更为形象化的描述，“如果我处身于一个活动频繁的场面中，我的注意力以及我的视线一定会一下子被吸引到这个方向，一下子又到那个方向，也许我突然转过街角，发现一个小顽童，自以为没人看着他，小心翼翼地把一块碎石头朝一扇特别诱惑人的窗户扔去。当他扔的时候，我的眼睛本能地立即转向窗户，看那小孩有否命中目标。接着，我的眼睛马上又回到男孩身上，看他下一步干什么。也许他刚巧也看到了我，于是朝我调皮地笑了一下；然后他的视线越过了我，脸部表情一下子变了，接着他迈开他那双短短的腿死命地跑。我往后一看，这才发现一个警察刚刚转过街角来……”

总之，这种在生理、心理以及思想支配下的注意力转移不只是蒙太奇思维的基础，更是整个电影表现技巧的基础。

第二节　蒙太奇思维与叙事结构

蒙太奇思维是建立在时间、空间和动作基础上的电影叙事方法。什么是叙事呢？叙事就是讲故事，故事能否引人入胜很大程度依赖于故事的结构。“结构是对人物生活故事中一系列事件的选择，这种选择将事件组合成一个具有战略意义的序列，以激发特定而具体的情感，并表达一种特定而具体的人生观。”麦基所讲的事件是人物在特定时间、空间中进行的动作，这种动作能改变人物的生活状态，而这种改变或具有情感作用，或能够揭示生活的本质。一个事件包括这样几个要素：人物、事物、动作、时间、空间以及事件的内涵。这几个要素在叙事结构中常常充当着重要的情节线索。

一、情节线

1．人物线

人物是一切叙事作品的主体，纪实摄影和纪录片也不例外，它们通过一个个真实人物的故事来打动读者和观众。在这些真实的故事中，主人公命运的遭际不断地刺激着人们的心灵，成为情节发展最自然的结构线索。

纪录片《初来乍到》记录了两个中国留学生在日本的求学经历，已近而立的韩松，是一个从小养尊处优惯了的公子哥，一时心血来潮，抛下娇妻弱子和优裕的生活，只身来到日本求学，日语五十音图尚未记全的他却怀着考进日本名牌大学的梦；十九岁的王尔敏第一次离开家乡，就远涉重洋来圆自己的大学梦，他们的梦能实现吗？纪录片向未知取材的跟踪拍摄方式使生活本身的悬念性得到了进一步的强化，两个人物不同的命运轨迹在影片中交织在一起，始终牵动着观众的心。

《初来乍到》的成功还在于影片选择了强弱对比的叙事结构，简洁而有说服力。如前所述，强者和弱者经常成为纪实摄影和纪录片关注的对象。强者的命运轨迹大致分为这样两个阶段：成功前与成功后。成功前强者的奋斗过程对观众有很强的吸引力，可以说榜样的力量是无穷的。成功后强者的命运也是充满了变数，命运的轨迹既可能是一帆风顺的坦途，也可能是遭遇挫折而陷入困境。弱者命运的轨迹有两种可能：一种可能是弱者经过不懈奋斗由弱转强，使观众感受到生命的力量，另一种可能是弱者虽经努力奋斗终难改变命运，此时的弱者成为了“催泪弹”，能够引起社会的广泛同情和深切关注，体现出一种强烈的人文精神。总之，充满未知的命运轨迹富有强烈的戏剧色彩，常常成为最佳的结构线索。

对比的人物命运不仅能够增强节目的戏剧性冲突，而且还具有强烈的辨证力量，常常能揭示出很深的社会意义。比如，《一根稻草两种命运》中姐妹俩由一根稻草来决定的命运的反差，既点出了知识改变命运的主题，又引发了观众对整个国家命运发展的更深的思索。又比如，《两个孤儿的故事》导演高国栋创作初衷是拍摄《一个孤儿的故事》，讲述一个日本遗孤在抗日战争结束后先被一对好心的中国夫妇收养，后在中国政府的关怀下成长为一个中学教师的经历。节目制作完成后，一个人物的命运线索感觉比较单薄，经过反复思考，导演决定再拍摄一个中国孤儿——日军平顶山大屠杀的惟一幸存者。两个孤儿在战后不同的经历，对比鲜明地反映了中国政府在对待日本侵华战争问题上的博大胸怀。

2. 动作线

圣约翰·欧维恩说："剧作家在谈到动作时，并不是指骚动或单纯的身体运动；他指的是发展和成长。"这种"发展和成长"能够引起个人与环境之间的平衡状态发生变化，并进而引起人们的情绪反应。动作意味着变化，而变化需要一个渐进的过程，过程本身就具有很强的结构作用，成为影片情节发展的线索。比如，纪录片《山洞里的村庄》就是围绕村民架电线这一事件展开叙述，客观记录了人与人、人与环境之间关系的改变以及由此产生的思想观念的变化。

纪录片《芝麻酱还得慢慢调》中主人公的两大爱好：唱京戏和看球赛，成为节目两条清晰的动作结构线，唱京戏这条线是围绕"等票友老谢"展开，看球赛这条线是围绕"到广播电台直播体育节目"展开。Discovery 播出的纪录片《黄金潜艇之谜》也有两条线，明线是动作线——寻找二战中被美军击沉的日本黄金潜艇，暗线是时间线——以时间为序介绍当时的历史背景。值得注意的是，"寻找"这一动作今天已经成为一种特定的纪录片类型，比如，凤凰卫视的《寻找远去的家园》等等。

图 7-5 黄金潜艇之谜

3. 时间线

以时间为线索结构影片的历史可以追溯到电影诞生之初，以时间为序展开叙事的结构方式被广泛地应用在历史文献纪录片和人文生活类纪录片中。比如，大型历史文献纪录片《新中国》就是一个典型的编年体叙事作品，按照新中国发展变化的历史轨迹娓娓道来，为观众展开了一幅恢弘的历史画卷。又比如，《龙脊》以水稻的生长期为脉络记录了桂北山区一个小山村的孩子们在春、夏、秋的日常学习生活，令观众强烈地感受到了在这个宁静的小山村中蕴涵着的勃勃生机。

时间线索既可以是最简单、最自然的结构方式，又可以是最灵活、最多变的结构方式，比如，“格里菲斯最后一分钟营救”这样的时间结构变化多端，感染力极强，其特点是“不同人在同一时间、不同空间展开的动作”，它最早是作为段落结构使用的，今天也常常被作为篇章结构来运用。纪录片《侯家家事》就是“格里菲斯最后一分钟营救”的结构类型在纪录片中的成功运用。在天津医院与死神搏斗的退伍军人和在国庆阅兵村挥汗训练的小女儿，为了国庆这一天的阅兵，与时间赛跑，最后取得了意志的胜利。

4. 空间线索

空间线索作为一种结构类型常常应用于特定的题材，比如，《摩天大楼》、《颐和园》、《故宫》以及《望长城》、《威尼斯》等介绍人文历史景观的纪录片。这些影片基本上都是以空间结构展开，辅助以时间线索介绍相关历史背景。

当然也有通过空间对比揭示哲理意义的纪录片，比如，《沙与海》就是通过两家人与自然抗争的过程揭示出地理环境对人生存状态和思想观念的影响作用。

5. 逻辑线索

思辩类纪录片常常通过逻辑论证组织材料，此时逻辑线索就成为主要的结构形式，常见的有因果、推理等类型。弗兰克·卡普拉制作的纪录片《我们为何而战?》分七个部分向美国观众分析了美国参加反法西斯战争的原因和意义。《焦点访谈》播出的节目《惜哉文化》就是抓住吉林市博物馆大火这一引起全社会关注的重大事件，以因果关系展开节目。

二、情节段

图 7-6 战争序曲

情节线是一个过程，这个过程由一个个情节段落构成，有开始、发展、高潮和结尾，每个情节段分别包含着一到若干个场景，起伏跌宕地引导着观众的情绪。

电视节目的传播常常遵循这样一个规律——“三分钟美学”，它有两层含义：一是指节目能否锁定观众的注意关键看开篇的三分钟；二是指每三分钟的节目时间里应该有一个“兴奋点”，以保证观众的持久注意。

1. 引言开始段落

开始段落的处理直接影响到节目的收视效果，万事开头难，怎样开篇是纪录片制作者在节目制作过程中不断思考的一个问题，常见的方法有这样几种：

(1) 展现矛盾

在节目一开始就展现一定的矛盾冲突，能够迅速引起观众的注意，使他们产生对矛盾结果的期待心理，收视效果理想。比如，纪录片《潜伏行动》开篇是被黑社会打死的侦察员的妻子向武警官兵哭诉的场景，一下就激起了观众对黑社会势力的愤慨，和对日益猖獗的黑社会问题的关注。

(2) 设置悬念

一个悬念的开端能保持观众持久的注意力，探索类的节目经常在开篇就将观众带入一个充满着未知的世界，不断地打开“潘多拉”的盒子，使观众在闻所未闻、见所未见的世界中徜徉。此外，悬念式的开头在调查报道中也是非常多见的，比如，《新闻调查》播出节目《眼球丢失的背后》就是以一起医院太平间眼球丢失事件引出对医生伦理道德问题的深入调查，切入问题的事件本身具有很好的悬念性。

(3) 提出设问

节目以设问形式开篇，简洁而有力，常常用于一些政论性很强的题材，比如，《我们为何而战?》开篇就提出了这样的设问，极具说服力地诠释了当时美国政府的政策。又比如，《望长城》第一集就是以“长城你在哪儿?”的设问开始了摄制组的寻找长城之旅。

(4) 人物引出

通过一个具有意义的人物来引出事件。比如，笔者在制作系列纪录片《中国台湾问题之六战略转变》时就通过一个历史事件的参加者——福建前线广播电台第一位女播音员陈菲菲引出了五十年前爆发的金门炮战。

A. 动作引出

通过一个具有刺激性的动作作为节目的开篇也能给观众留下深刻印象，比如，《女特警雷敏》中三个女兵摁着一头猪，中间的女兵挥刀刺下，没有捅进去，拔刀又刺，定格出片名《女特警雷敏》。具有奇观效应的女兵杀猪，令人难忘。又比如，纪录片《最后的山神》是通过老萨满在松树上雕刻山神像的动作开始的。

图 7－7　女特警雷敏

B. 事物引出

作为节目开篇切入点的事物本身往往富有象征、隐喻的色彩，这也使得由它展开的叙述具有了更深刻的内涵。比如，历史文献纪录片《潮涌东方》在探讨中国的农村和农民问题时，由画家罗中立的油画《父亲》引出议论，给观众耳目一新的感觉。

C. 空间引出

一些具有历史价值的空间常常成为纪录片回望历史的起点，

比如，阿伦·雷乃导演的纪录片《夜与雾》就是在纳粹奥斯维辛集中营的废墟前反思历史。

2. 动作段落

动作段落是事件发展变化的过程，作为节目的主干，承担着主要的叙事作用。动作段落大致可以分为发展和高潮两个阶段：

A. 发展阶段

发展阶段一般由一到几个场景构成，层层递进地推动事件向高潮的发展，可以说是动作高潮到来前的必要的准备和铺垫。处理好发展阶段各场景之间的衔接和过渡，才能保证整个故事讲述得清晰、流畅、自然。与此同时，还要注意营造一种让观众等待高潮出现的期待的气氛，这种气氛使观众在动作高潮来临时产生最激动的情绪。纪录片《家在我心中》有这样一个段落：阔别八年的父女俩在日本东京相见，接站、吃饭、家中叙旧等场景，环环相扣，在推动情节发展的同时，不断积累着情绪，直到车站分别时父女二人情感迸发到高潮，观众不断积累的情绪也得到了释放。

B. 高潮阶段

高潮阶段是叙事的重点场景，真相在这里大白，情感在这里宣泄。比如，《芝麻酱还得慢慢调》中两条平行发展的动作线分别有一个高潮阶段：唱京戏的高潮出现在琴师老谢来了之后，主人公在老谢的伴奏下，一唱三完成沙家浜智斗一场戏；看足球的高潮是在演播室进行直播，这两个高潮场景对人物的刻画是非常关键的。

C. 余韵

高潮阶段是动作发展的自然结果，没有铺垫的高潮是缺乏感染力的，同样没有余韵的高潮也不是完美的。高潮过后的余韵很短，也很暧昧，不能算是一个清晰而确定的阶段，但确实不可或缺。《家在我心中》的高潮出现在地铁车厢中的父女分别那一刻，在地铁启动时达到了顶点，这时如果戛然而止，观众是不买账的，必须向后延续到观众的情绪得以平复。

3. 蒙太奇段落

运用蒙太奇技巧完成的段落，既可以完善叙事，又可以进行表意，在纪录片中更多的时候是在叙事基础上进行表意。比如，纪录片《新中国》中有这样一个精彩的段落，西部大漠中国第一颗原子弹试爆的准备工作在紧张地进行着，与此同时，北京人民大会堂大型音乐舞蹈史诗《东方红》即将开演，试爆成功，史诗的演出也进入了高潮，平行展开的动作还产生了特殊的寓意，“格里菲斯最后一分钟营救”的巨大感染力又一次得到了印证。又比如，《芝麻酱还得慢慢调》中在高潮到来之前使用平行动作剪辑手法将主人公等待琴师老谢到来时的焦躁不安表现得淋漓尽致，为高潮的到来做了最好的铺垫。

4. 结尾段落

人常说，写文章要虎头、熊腰、豹尾，其实做电视节目也如此。开头要精彩抓人，中间要丰满厚重，结尾要简洁有力。通过前面的论述，大家了解了节目怎样开头，主体怎样叙述，现在该看看怎样收尾了。

A. 抒情式

通过水到渠成的恰当抒情来结束故事的讲述，符合事物发展的规律，增加了节目的余韵，使观众的情绪、情感与节目内容水乳交融。

B. 哲理式

在政论色彩较重的节目中，点出故事的哲理意义对于大多数观众来说是非常重要的。比如，《婚礼后的诉讼》揭露出的社会问题是带有一定普遍性的，特别是对于中国很多经济文化发展相对落后的地区来说，普通的群众并没有认识到这个问题的严重性，节目在最后对这个问题进行辨证评说有助于观众的理解。

C．总结式

总结式结尾主观性比较强，在纪录片中应该慎用，但有时候可以巧妙地利用主人公自己的语言，产生现身说法的效果。比如，纪录片《初来乍到》的结尾就是韩松面对镜头畅谈两年留学经历的人生感悟，此时此刻这种当事人的总结性发言有很强的说服力。

D．自然式

以日常生活的动作或状态结束叙事，适合用在生活类纪录片中。比如，纪录片《姐姐》的结尾是，父亲在工作，母亲领着双胞胎走出家门，汇入到人流中。这种结尾给人一种周而复始的生活常态感。

好的结尾不仅能保证作品的完整性，而且耐人寻味，常常给观众意犹未尽的感觉，能够引发他们对人物、对事件、对问题更深层、更广泛的思考。

第三节　剪辑原则和技巧

一、剪辑原则

1．剪辑的时间原则

电影对动作时间的处理是或压缩，或伸长，而极少还原。这种电影时间特点决定了剪辑存在的必然。我们经常说“一根烟的工夫”来形容时间的长短，比如，这个男孩子等了一根烟的工夫，女朋友才出现。摄影机可以完整记录下这个男孩子吸完一根烟的过程，但是没必要也不可能把这个过程全部用到节目中，实际剪辑时只要把吸烟过程中的三个关键点用上就可以表现出“一根烟的工夫”，这三个点是：点烟、吐烟圈、掐灭烟蒂。总之，控制动作的电影时间是调节影片节奏的重要方式。

2. 剪辑的机械原则

剪辑的机械原则就是连贯。如果所有镜头都能保证动作过程的完整性，也就是准确还原了动作的时间，没有压缩，也没有伸长，就不存在动作不连贯的问题。但实际情况就像前边所举吸烟的例子一样，我们经常把完整的动作过程分解为若干个关键点，这种对动作的分解就是平常说的分镜头。分镜头从不同的角度、距离拍摄了一个动作的几个关键点在编辑时将这些记录了动作关键点的镜头衔接起来电影化地表现一个完整的动作过程，叫动作的连续。这种连续必须连贯才能使观众忽略剪辑的存在，对动作过程的省略产生集体无意识，这种集体无意识其实是由于观众的心理期待补足了被省略掉的过程。

3. 剪辑的戏剧原则

剪辑时仅仅做到机械的连贯和流畅是不够的，而且有些时候动作不连贯的镜头组接在一起，观众并没有感觉不流畅，原因在于剪辑在遵循机械连贯的原则时还要考虑戏剧性因素的影响，这就是剪辑的戏剧原则。戏剧原则考虑的重点是动作的意义，尽量减少无意义的动作，使戏剧冲突得到尽可能的强化。笔者在中央电视台评节目的过程中看到过这样一个片子，反映一个工厂钳工老王——五一劳动奖章获得者的精湛技艺，片中用了这样一个故事，厂里接了一批机器零件的订单，这种复杂的零件只有老王能做，第一个镜头是厂领导让秘书去叫老王，第二个镜头是老王在车床前认真工作，秘书进画请老王，第三个镜头是厂领导开会，老王进来打招呼。三个镜头讲了这样一个故事，讲得很完整，也很乏味。原因在于冗长的无意义动作削弱了事件本身的戏剧色彩，整个事件用两个镜头就足以表现，第二个镜头可以省略。什么情况下需要表现秘书去找老王的过程，做个不恰当的假设，如果秘书在找老王的过程中遇到不测，她仍想方设法通知老王去开会，这时就要浓墨重彩地去表现这个过程，因为动作本身具有了意义。

4. 剪辑与心理原则

剪辑是有心理依据的，日常生活中的生理经验和心理体验都会直接影响到的镜头转换，同样剪辑也会影响到观众对一个事件的心理评价。比如，选择性注意作为人的视觉生理特点就直接影响到镜头的切换，面对一个全景画面，人眼不能瞬间捕捉到全部的信息，视线会在画面中流动，当人被某个信息吸引，注意力就会集中到这一点，然后注意力会转到与这一点有戏剧性关系的另一点，镜头就这样一个个接续下去，观众会建立起对这个全景画面的整体认识。又比如，镜头中出现了一个人物，那么，下一个镜头会是什么呢？他看到的东西，他想到的东西，还是在他的视线、思想之外与他有关的人或事，或者是他动作的延续，观众的心理期待会直接影响到影片的剪辑。普多夫金在《论电影的编剧、导演和演员》中提到了他和他的导师库里肖夫曾经做过一个剪辑实验来验证剪辑是如何影响观众对事件的判断：

“我们从某一部影片中选了俄国著名演员莫兹尤辛的几个特写镜头，我们选的都是静止的没有任何表情的特写——亦即静止不动的特写。我们把这些完全相同的特写与其他影片的小片段连接成三个组合。在第一组合中莫兹尤辛的特写后面紧接着桌子上摆了一盘汤的镜头。这个镜头显然表现出来：莫兹尤辛是在看着这盘汤。第二个组合是，使莫兹尤辛面部的镜头与一个棺材里面躺着一个女尸的镜头紧紧相连。第三个组合是这个特写后面紧接着一个小女孩在玩着一个滑稽的玩具狗熊。当我们把这三种不同的组合放映给一些不知道此中秘密的观众看的时候，效果是非常惊人的。观众对艺术家的表演大为赞赏。观众从那盘忘在桌上没喝的汤，看出了莫兹尤辛的沉思心情；观众看到他看着女尸时那副沉重悲伤的面孔，也跟着异常感动；而看到他在观察女孩在玩耍时的那种轻松愉快的微笑，观众也跟着高兴起来。但我们知道，在所有这三个组合中，特写镜头的脸都是完全一样的。”

剪辑过程是对电影素材的二度创作，受到多方面因素的影响，比如，时间因素、动作和戏剧因素、生理和心理因素等等，这些因素最终会影响到观众的收视效果，但这种影响必须通过各种剪辑技巧来体现。

二、剪辑技巧

剪辑技巧从风格上可分为叙事的剪辑和表现的剪辑，从结构上可分为段落组接和镜头组接，从元素上可分为画面剪辑和声音剪辑，这里我们是按照剪辑的实际操作过程来介绍剪辑技巧：

1. 段落组接

段落组接是在构思节目整体编辑结构时就应考虑的问题，清晰的段落感能保证节目层次分明，逻辑严谨，叙事流畅，设计巧妙的段落组接方法有助于形成节目独有的风格样式。下面介绍几种常见的段落组接方式：

（1）隐黑

隐黑是最常见的段落转换方式，简单、自然，不会有喧宾夺主的感觉。

（2）片花

在一些大型系列节目或栏目化播出的节目中，一些具有个性特点的片花常常作为段落之间的转场过渡，这种方式形式感很强，能给观众留下深刻的印象。

（3）特技

一些特技比如，翻页、划像等等也时常出现在电视节目中，进行段落转换。这种雕琢痕迹很强的转场方式已经越来越少用了。

（4）声音

经常用做段落转换的声音有音乐、同期音响和动效，这种方式衔接自然，不露痕迹，特别是那些与画面内容有机结合的声音转换，视听效果极佳。比如，《龙脊》的段落转换就是用当地的山歌配合具有强烈象征色彩的画面完成转场的。

2．镜头组接

（1）叙事的剪辑

叙事的剪辑是按照事件发展的时间流程、逻辑顺序、因果关系，来分切组合镜头、场面和段落，表现动作的连贯。

A．连续动作剪辑

动作剪辑要保证动作的连贯性，应注意以下几个方面：

①正确分镜头

正确分镜头是保证动作连贯的前提。分镜头要符合日常生活的认知规律，并根据戏剧内容的要求进行。分镜头时要选择动作过程中最主要的、最具代表性的片断，前后衔接的同一主体的镜头景别变化要明显，角度可以保持不变，如果改变在水平方向的变化不应小于九十度。

②找准剪接点

剪接点是剪辑影片时由一个镜头切换到下一个镜头的交接点，要保证动作的连贯找准剪接点是非常关键的。动作过程中，快慢、方向发生变化时会有一个转折点，此时切换镜头，观众不易觉察出镜头的转换，能够保证动作的连贯流畅。有时候动作的剪接点也可以选在动作结束或开始的时候。

③注意方向性

动作剪辑要注意方向感的匹配，避免造成逻辑上的错误，使观众产生错觉。

B．平行动作剪辑

两条或多条动作线索（不同时空、同时异地或同时同地）围绕同一个主题或统一于同一个情节结构并列发展。比如，纪录片

《侯家家事》就是一个典型的同时异地平行动作发展的故事。《芝麻酱还得慢慢调》中琴师老谢到来前有一段很好的同时同地平行发展的动作段落。

图 7-8

C. 镜头内部蒙太奇

摄影机从开机到关机一个镜头内完成的蒙太奇构成，最常见的两种类型是长镜头和景深镜头。长镜头的连续性拍摄使事件的时间进程得到了准确还原，景深镜头清晰的前景和后景再现了现实空间以及其中人和事物间的联系。运用长镜头和景深镜头保证了时间和空间的真实，在一个镜头中建立了景别的组合关系，展示事件的发展。

(2) 表现的剪辑

表现的剪辑是以镜头的对列为基础，通过前后镜头在形式上或内容上的相互作用，比如，隐喻、对比、主题等，产生单一镜头不具备的艺术表现力和情绪感染力。

附录一：从一个孤儿的故事到两个孤儿的故事

纪录片《两个孤儿的故事》是辽宁电视台高国栋编导的曾经获得“亚广联”最佳纪录片奖，最初高国栋拍摄的片子是《一个孤儿的故事》，讲述了一个日本的孤儿在抗日战争结束后被中国百姓收养，在中国政府的关怀下，上了大学，成为中国一所中学教师的故事，反映出中国政府在处理中日关系时候的一贯政策。在审片子的时候，编导接受了专家的建议，又拍摄了平顶山村在日本大屠杀后惟一的幸存者——一个中国孤儿成长的故事。两个人的对比，更加有力地表现出中国政府和人民的博大胸怀。

附录二：里芬斯塔尔谈奥林匹亚的编辑

“我想不可能把42公里从头至尾拍下来，而应该表现运动员的内心状态，也就是从他的脸部表情和他沉重的脚步来表现出他缉毒的疲劳。但他的意志却没有使他崩溃，而内心的意志是无法用镜头表现的，只能通过音乐来体现。您留意一下，就会发现这一刻音乐非常强烈。”

第八章 镜头和光线

第一节 光学镜头的造型表现力

不管是照相机还是摄像机，都是通过光学镜头聚焦成像，以再现现实生活的。充分了解和认识光学镜头在造型表现上的作用，是获得完美影像的关键。

早期的影像工作者对光学镜头的认识常常局限于聚焦成像这一基本功能，后来随着技术的进步，出现了各种焦距的镜头，镜头的性能也日臻完善，人们才逐渐认识到光学镜头的艺术表现力是极其丰富的。它既能如实地再现被摄对象，又能夸张地、变形地处理被摄对象，造成与正常视觉经验不同的虚幻抽象的物体形态。

而属于新闻和纪实范畴的图片摄影和电视摄像，在镜头运用上则强调了光学镜头的纪实再现能力。通过镜头的拍摄，以影像来反映的生活既没有变形也没有走样，给观众的印象是具体而逼真的。

光学镜头对现实生活的造型记录，或夸张表现，或逼真再现，都是通过焦距、光圈和焦点的变化来完成的。

一、镜头焦距

1．镜头分类标准

来自无限远处的平行光线经过镜头的折射在镜头主轴上汇聚成一个清晰的点，就是焦点。由焦点到镜头中心的距离就是焦距。镜头焦距所采用的长度单位是毫米。

依据光学镜头焦距的长短，习惯将镜头分为：广角镜头、标准镜头和长焦镜头。标准镜头是焦距等于（或接近）画幅对角线长度的光学镜头，它的视角大小相当于人眼观察景物时最清晰的视野范围，用它拍摄的影像接近于人眼对空间的正常透视感受。35毫米照相机的标准镜头是50毫米左右，摄像机的标准镜头是25毫米左右。广角镜头是焦距短于画幅对角线的镜头。长焦镜头是焦距大于画幅对角线的镜头。

2. 镜头造型特点

镜头焦距作为镜头分类的重要依据，决定着镜头的造型特点：

首先，焦距与镜头视角和景深成反比。焦距越长，视角越窄，景深范围也越小；焦距越短，视角越宽，景深范围也越大。

其次，在拍摄距离不变的情况下，焦距与成像比成正比。焦距越长，主体成像越大，但背景范围越小；焦距越短，主体成像越小，但背景范围越大。

最后，焦距对透视的影响比较复杂，在分析之前有必要先了解一下几何透视规律。

几何透视规律也叫线条透视规律，它的主要内容：近大远小，近高远矮；近宽远窄，近粗远细；近厚远薄，近深远浅；近疏远密，近散远聚；俯视时，近低远高；仰视时，近高远低。

当机位不变时，不同焦距摄影镜头所摄画面的透视关系基本相同；在使被摄主体具有相同的影像放大率，也就是说在画面上一样大时，用不同焦距镜头沿同一方向，拍摄同一景物时，广角镜头，透视关系明显，透视感强烈，似乎扩大了主体与背景之间的距离；长焦镜头，透视关系不明显，透视感微弱，似乎缩小了主体与背景间的距离。

总之，焦距越长或越短，拍摄的画面与人眼的正常视觉感受越不一样，影像变形的效果越明显。

3. 镜头造型作用：

摄影师是通过光学镜头来完成影像记录的，这种记录担负着刻画人物、描绘环境空间、展现动作过程、把握时间节奏、突出事物细节等作用。而不同焦距镜头的造型特点各异，会直接影响作品的影像风格，比如，纪实摄影大师卡蒂埃·布勒松在他的摄影生涯中基本上使用50毫米标准镜头，以求与人眼的视觉习惯接近，使读者在观看时忘掉照相机的存在。今天也有一些纪实摄影师刻意坚持使用一种镜头，以形成自己独特的影像风格。但是作为一个合格的摄影师，必需了解不同焦距镜头在完成艺术表现作用时的差异。

(1) 刻画人物形象

如果请大家比较电影和话剧表演最大的区别在哪里？看过话剧的人可能会发现一个重要的不同是：观众在看话剧演出时，很难看清演员细微的面部表情，所以演员常常借助形体动作来表达自己的内心情感和情绪，为了让后排的观众能够看清，表演势必夸张。所以很多话剧演员刚开始出演电影或电视剧时，由于不了解长焦镜头的造型特点，常常把握不好分寸，表演夸张，脱离生活。

电影和电视在刻画人物时，可以很方便地用长焦镜头拍摄特写，记录下人物细腻的表情和微小的动作变化，这种“微相式”的情感和情绪流露，贴近生活，更能引起观众的共鸣。导演在拍摄纪录片《家在我心中》父女分别段落时，用长焦镜头突出了女儿脸上静静滑落的泪水，深深触动了观众的心。

如果说长焦镜头以特写对人物的刻画采用的是一种直接方式的话，那么，广角镜头由于成像比小，视野和景深范围大，利于拍摄人物的中景和全景，可以方便地记录人物的形体动作，通过形体语言反映人物性格，描写人物心境，其对人物的刻画是比较含蓄的。纪录片《姐姐》的主角是孩子，摄影师准确选择广角镜头记录孩子的动作来刻画姐妹俩活泼好动的天性。

运用长焦和广角镜头来刻画人物没有优劣之分，具体运用主要是根据拍摄内容来确定，比如，在《姐姐》中，摄影师在大量使用短焦镜头的同时也灵活运用长焦镜头记录下姐姐看到妈妈对弟弟的偏爱时流露出的妒意，充分显现了长焦镜头在刻画人物细腻表情时的优势。很多时候镜头运用也反映了影像风格的变化，按照传统做法，一般不用广角镜头拍摄人物的特写，因为透视的原因会使人物的鼻子变大，耳朵变小，如果拍摄侧面，又可使靠近镜头的眼睛变得过大，远离镜头的眼睛变得过小，歪曲人物的正常形象。但是在现代的电视新闻中，越来越多地使用眼睛摄像机上的广角镜头进行偷拍，使很多不法之徒的嘴脸曝光于观众面前。而且广角镜头在拍摄人物特写画面时，大景深还有助于建立起主体与陪体和环境的关系，形成独特的景深结构镜头。比如《家在我心中》父女分别时，摄影师用广角镜头拍摄形成景深构图形式，前景是女儿落泪的特写，景深处是父亲抽噎的全景。又比如，《战地摄影师》的经典照片的画面中央偏下部是一双儿童惊恐的眼睛大特写，景深处是空荡荡的街道，街道两旁的楼房形成了强烈的纵深透视的效果，强烈表现出战争使孩子眼中充满了创痍。

（2）描绘环境空间

长焦镜头视角窄、视野小、景深也小，压缩了现实空间中纵深方向的物与物之间的距离，使多层景物之间仿佛有贴在一起的感觉，减弱了画面的纵深感。

但是长焦镜头具有很强的提炼能力，有助于突出环境独特的线条特征，能够删繁就简地表现环境的独有特征。比如，纪录片《龙脊》中就用长焦镜头凝练出龙脊村极具象征性的标志性环境。

电影和电视都是在二维的平面上创造出三维空间的幻觉，广角镜头视角广、景深大、视野范围广，前后景物大小对比鲜明。夸张了现实空间中纵深方向物与物之间的距离，增强了画面的空间感和透视感，使影像的立体感增强，更加真实生动。比如，纪录片《望长城》中大量使用广角镜头强化长城绵延不断的气势。

总之，不管是用长焦镜头将环境抽象化，还是用广角镜头追求大信息量，都要使环境能够成为画面语言的有力表现手段，要知道环境是能说话的。

（3）展现动作过程

长焦镜头的小景深在展现动作时具有独特魅力，体育图片摄影时就常常利用长焦镜头使主体清晰、背景虚化，尽显运动造型瞬间的力与美。而电视摄像用长焦镜头跟拍体育运动时，背景模糊成线条更增加了画面的动感。

新闻事件瞬息万变的动作发展使摄影摄像记者不能从容对焦拍摄，而广角镜头的宽视野和大景深使其在新闻和纪实摄影以及电视新闻和纪录片的拍摄中具有不可替代的作用。特别是广角镜头对运动摄影时运动精度要求不高，可以随机进行手持摄影，运动感很强。比如，纪录片《潜伏行动》中，摄像记者跟拍武警战士抓捕罪犯，快速地奔跑拍摄过程中，根本无法进行调焦，广角镜头此时就具有了相当大的优势，而且动感极强的广角跟拍动作的方式进一步渲染了事件本身的紧张气氛。

（4）把握时间节奏

利用镜头焦距来控制画面的时间节奏，主要是指电视画面的拍摄。长焦镜头用于拍摄纵向运动物体时，会减缓运动物体的速度，如纪录片《丝绸之路》拍摄车队穿越天山时就选用长焦镜头，强化了漫漫天山路的感觉。而用长焦镜头跟摇或者拍摄横向运动物体能加快节奏。

广角镜头拍摄纵向运动物体时，可以加快运动物体的速度。而拍摄横向运动物体时，则会减缓运动物体的速度。

所以说，灵活运用长焦镜头和广角镜头的这个特点可以有效控制画面的时间节奏。

(5) 突出事物细节

长焦镜头可以很方便地突出一些事物细节。

广角镜头视角宽，视野广，景深大，所拍摄的画面，既能突出前景的细节，同时又保留重要的背景资料，兼顾前后景物之间的关系，具有丰富的信息内容，符合现代观众的审美趣味，使观众在自主选择的基础上，做出自己的判断，减少了长焦镜头给观众的强制性。

二、焦点

生活经验告诉我们，要看清楚一个物体或一个人时，需要定睛去看。而镜头要准确地再现一个物体时，也必须准确聚焦，才能成像。定睛和聚焦就是寻找焦点的过程。

那么什么是焦点呢?

小时候我们大家都玩过这样的游戏，用一块放大镜对准太阳，镜片下放一张纸，调整纸和镜片之间的距离，可以看到纸上有一明亮的光点，过一会儿，光点位置的纸就会被烧焦，这个被烧焦的点的位置就是这个放大镜的焦点。

照相机和摄像机的镜头与放大镜类似，也有聚光作用。很多人初到电视台时，老摄像师就会告诫他，不要用镜头长时间地对着太阳拍摄，以免烧坏摄像机的靶面，这个靶面的位置就是摄像机的焦点。光线透过镜头之后，就会聚在靶面上。聚焦过程就是通过调整镜头中镜片的前后位置，将拍摄对象清晰地呈现在摄像机的靶面上，也就是摄像机镜头的焦点上。

从技术角度来看，这种聚焦准确，焦点实的视觉形象是成品。而聚焦不准，焦点虚的形象为废品。然而从焦点的艺术表现作用来说，就不能简单、绝对地从焦点的虚、实来判定画面是好的，还是废品。艺术家按照自己的创造构思来处理焦点。实有实的好处，虚有虚的道理。衡量的标准只有一条，就是能否准确地传达自己的主观意图。下面是几种创造性利用焦点的方法：

1. 利用虚实对比突出主体

把焦点对在表情达意的主要对象上，而把陪体和背景处理在焦点以外。这种用虚焦点的模糊陪体或背景，突出实焦点的清晰主体的方法，有助于信息的准确传递，避免因“词不达意”而造成观众在动态欣赏过程中对画面有用信息的误读。

2. 利用焦外影像激发观众联想

有时候焦点的虚实处理，不仅能够使主从分明，以虚衬实；而且还能通过虚的背景或陪体，留给观众想像的空间。

3. 利用焦点转移调动观众注意

观众欣赏电影、电视时，把注意力聚焦在屏幕上，焦点清楚的地方最能引起他们的注意，创作者通过焦点的转移，调动观众的注意力。在拍摄焦点转移和虚焦效果时，应该选用长焦距和大光圈，否则虚实效果不明显，起不到调动观众注意力的作用。

4. 利用跟焦点保持观众注意力

被摄主体处在不断地运动当中，摄影师在追随拍摄的过程中不断地调整焦点，保证运动主体的影像清晰，这种聚焦过程称为跟焦点。跟焦点需要摄影师对运动具有准确的判断力和预见力，并能娴熟地使用摄像机进行拍摄。成功的跟焦拍摄能够在不知不觉中引导着观众，使他们的注意力始终集中在被摄主体身上。

三、景深

景深是指画面中焦点前后景物的清晰范围。景深作为重要的造型表现手段，直接影响着画面的构成方式、信息的传递和情绪的表达。

1．景深与画面构成

以短焦距、小光圈形成的大景深画面构成形式，确保了画面前景和后景的人物都处在景深范围之内，非常巧妙自然地在这些人物之间建立起一种联系。比如，《家在我心中》分别段落里，大景深的画面形式揭示了前景的女儿和后景的父亲之间那种割不断的血脉亲情。

2．景深与信息传递

大景深的画面形式蕴涵的信息是非常丰富的，观众对这些信息的接受是有高度的自主性和选择性的。而长镜头、大光圈形成的小景深画面则有助于突出主体、强调重点和刻画细节，信息的传达是直接而清晰的。

3．景深与情绪表达

很多时候，摄影师为了配合被摄对象的情绪和情感，使用小景深，甚至是无景深的虚焦效果，使画面产生一种特殊的韵味。比如，《神鹿，我们的神鹿》结尾段落，在通往山林的路上，主人公往镜头深处走去，长焦镜头和大光圈形成的小景深，产生了很好的意境，耐人寻味。

正确控制景深是摄影师工作的重要方面，他可以通过调整镜头焦距、光圈和拍摄距离来改变画面纵深的视觉效果。

1．景深与镜头焦距成反比。光圈固定，拍摄距离不变的情况下，焦距越长，景深越小；焦距越短，景深越大。

2．景深与镜头光圈成反比。焦距固定，拍摄距离不变的情况下，光圈越大，景深越小；光圈越小，景深越大。

3．景深与拍摄距离成正比。在焦距和光圈不变的情况下，拍摄距离越远，景深越大；拍摄距离越近，景深越小。

第二节 光线的基本知识

著名电影摄影师斯托拉罗曾经说过，他是用光来做画的。光线作为摄影师最重要的表现手段，曝光成像是它的最根本作用，在此基础上还影响着画面的造型和艺术表现。摄影师要娴熟地驾驭光线，必需全面了解光线的性质、巧妙控制光线的投射方向、合理发挥光线的造型作用，使光线的形态和画面的影调自然和谐，将现实生活艺术化地表现出来。

一、光线的性质

发光光源产生的光线，其性质分为硬光和软光。硬光是光线的直射形态，因此也叫直射光，比如，自然光中的太阳光，人工光中的聚光灯等等；软光是光线的散射形态，因此也叫散射光，比如，自然光中的天光，阴天中的散射光，人工光中的散光灯等。

直射光投射到物体上形成了明显的受光面、背光面和阴影，画面明暗对比强，反差大，被摄体轮廓清晰，有很强的立体感和表面质感，表现人物时很有力度。

散射光投射到物体上没有明显的受光面、背光面和阴影，画面光线均匀，反差柔和，被摄体的立体感和表面质感被削弱，但表面色彩却能得到准确的还原，物体本身的色彩差异和明暗变化成为区别被摄体的关键。散射光充当主光特别适合表现女性人物，体现人物的柔美，也可以用做辅助光调整反差。

二、控制光线的投射方向

1．水平方向

在摄像机和被摄体所处的水平面上，从理论上说光线可以从围绕被摄体的三百六十度方向上进行投射，而从被摄体的照明效果来看这些投射方向大致可分为：顺光、顺侧光、侧光、侧逆光和逆光。

（1）顺光

顺光的光线投射方向与摄影机拍摄方向一致。顺光照明使被摄体正面受光，整个画面较亮，易形成高调；光线均匀地照明被摄体，削弱了被摄体的立体感和表面质感，以散射光进行顺光照明，既可以作辅助光来有效地消除直射光照明形成的浓重的阴影，也可以作主光形成柔和的照明效果，以准确还原物体表面色彩，如果是表现人物还可以用较弱的直射光修饰眼神光效；顺光照明空气透视效果不明显，景物的空间感被削弱，无法表现景物丰富的层次。比如，凤凰卫视新闻演播室的灯光设计，主持人采用散射的顺光作为主光照明，长焦镜头和大光圈带来的浅景深使新闻主播形象鲜明突出且不失柔和，而且为了突破这种照明设计的局限，导演还用背景影调和色调的多层次变化来加强空间感。

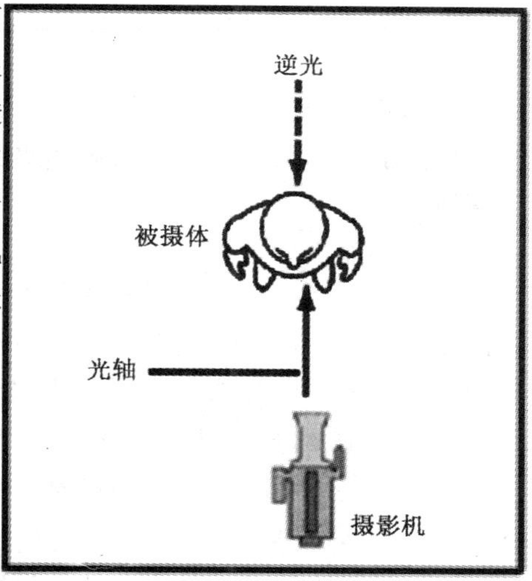

图8－1

（2）逆光

逆光的光线投射方向与摄影机拍摄方向相反。逆光照明时被摄体正面不受光，画面整体较暗，易形成低调画面；被摄体轮廓受光照明，能够很好地与背景分离，产生很强的立体感，根据表达需要还能够很方便地形成剪影效果；逆光拍摄景物时，空气透视明显，还能够利用投影增加画面的层次，强化画面的空间感。比如，纪录片《最后的山神》中老萨满看到被盗伐的雕有山神像的大树，内心沉重的坐在河边伤感，摄影师逆光拍摄并处理成剪影效果，很好地反映出老人的情绪。

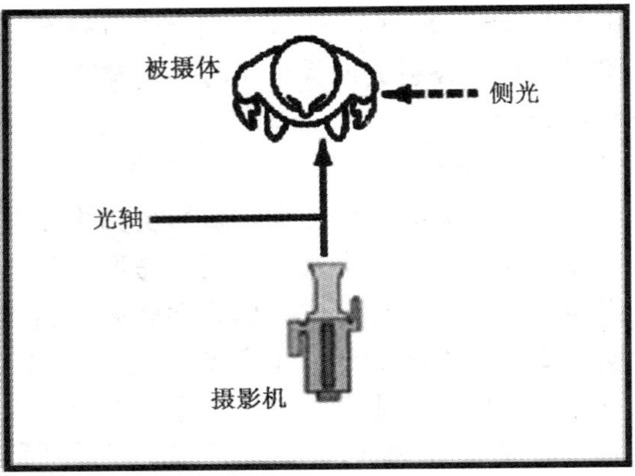

图 8－2

图 8－3

(3) 侧光

侧光的光线投射方向与摄影机拍摄方向成水平九十度。侧光照明是表现被摄物体质地的最佳光线，尤其利于表现粗糙表面；侧光在被摄体上形成受光面、背光面和影子，光影结构比较生动，立体感很强。侧光表现人物近景和特写时容易形成明暗对比强烈的画面，习惯被称为“阴阳脸”，过去这种视觉效果常常被认为是摄影的大忌，但有时候出于内容的需要也可慎重加以使用。

(4) 顺侧光

顺侧光的光线投射方向与摄影机拍摄方向成水平四十五度夹角。顺侧光照明使被摄体的受光面大于背光面，画面比较亮；顺侧光照明表现人物近景和特写时能形成比较好的明暗关系，准确表现人物的轮廓形态和立体感，所以常常成为新闻采访时最常用的光线。

(5) 侧逆光

侧逆光的光线投射方向与摄影机拍摄方向成水平一百三十五度夹角。侧逆光照明在被摄体上形成不完整的光边，常常用作修饰人物的轮廓，有助于人物和背景的分离；单一的侧逆光照明形成的画面比较暗，可以形成剪影和半剪影的照明效果。比如，《新闻调查》在报道浙江未成年少年弑母事件时，以侧逆光作为案犯采访时的主光，少年犯的面部处在黑暗中，起到了一定的保护作用。

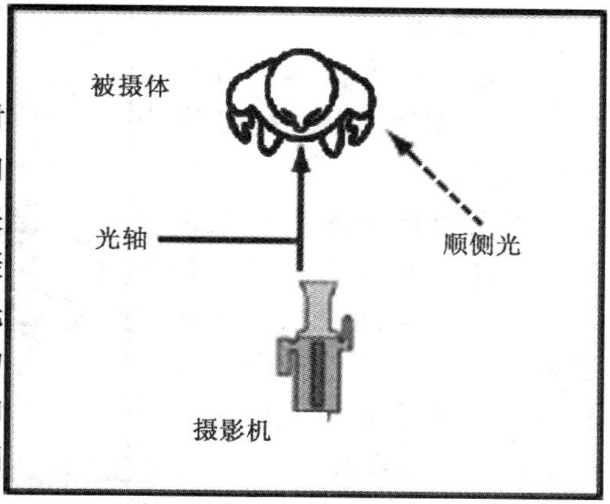

图 8－4

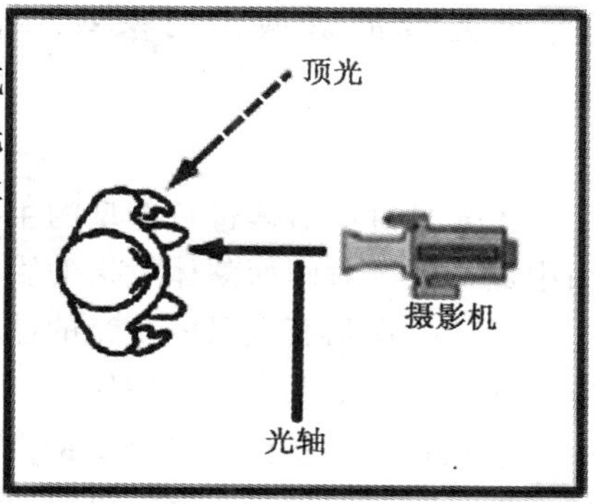

图 8－5

2. 垂直方向

在摄像机和被摄体所处的垂直面上，有两种投射方向形成的照明效果比较典型：顶光和脚光，这两种光线光线效果比较特殊，都给人异常的视觉感受。

(1) 顶光

顶光是从被摄体正上方投射的光线。顶光照明拍摄人物时，人物眼窝下陷，颧骨突出，像骷髅，常被人们称作“骷髅光”。

(2) 脚光

脚光是从被摄体下方投射的光线。脚光常被人们称为“魔鬼光”。

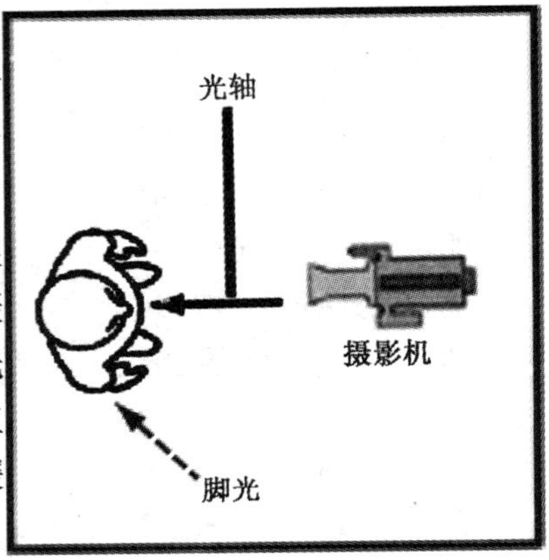

图 8－6

脚光和顶光的造型效果很特殊，在新闻和纪录片的拍摄过程中如果遇到这样的现场光线条件，应该采用恰当的人工光源进行弥补或调整机位以缓解不良的照明效果。

三、发挥光线的造型作用

从光线的造型作用来看，主要分为：

1. 主光

主光是对被摄体进行造型的主要光线，也叫塑型光。它在画面中最抢眼，对画面整体效果的影响是具有决定性的。

确定决定画面效果的主光的性质和位置是摄影师现场布光的首要任务。理论上讲各种性质、各种投射方向的光线都可以充当画面的主光，实际拍摄时要根据现场的光线条件、表现内容和风格来确定。一般拍摄人物时可以用顺侧光作主光照明，主光的位置一般在摄影机左边或右边不超过四十五度角的范围内，新闻采访时主光要放在与主持人同侧的地方。如果实际拍摄时没有条件设置灯具，可以根据自然光如太阳光、窗户光的投射方向，调整摄像机和被摄者的位置形成顺侧光照明的光线效果。很多时候也可以用侧逆光来作主光，称作伦伯朗布光。这种布光方式的主要特点是主光形成的阴影靠近镜头，画面效果十分生动。

2. 副光

副光是对主光起辅助作用的光线，也叫辅助光。它能显著改善主光形成的阴影效果。

确定辅助光最重要的是控制主光和辅助光的光比，辅助光一般是主光的三分之一。以顺侧光为主光拍摄人物时，一般用散射的顺光来作副光，辅助光要放在紧靠摄影机的位置，并且与主光异侧，主光在左，辅助光要在右；主光在右，辅助光要在左。实际拍摄过程中常常无法布置很多照明灯具，可以考虑用反光板进行反射照明调整阴影效果，控制反差。

3. 轮廓光

轮廓光是用来勾画被摄体轮廓形式的光线。轮廓光可以使主体和背景分开。

轮廓光基本上由侧逆光或逆光来担任。在新闻和纪录片的拍摄过程中使用轮廓光要注意生活依据。当然很多访谈节目常常用轮廓光和反光板配合完成被摄对象的布光，此时反光板从顺侧位形成主光照明。

4. 环境光

环境光是照明主体周围环境的光线。

在新闻和纪录片拍摄过程中，摄影师要敏锐地观察现场环境的光线条件，比如，台灯、窗户等，并巧妙地加以利用，以突出主体，渲染气氛。

四、光线的综合运用

请看《EPSON 复印机广告》，这则广告的创意就是综合运用了光线投射方向的照明特点。

镜号	景别	画面	光线
1	大特写		直射侧光
2	特写	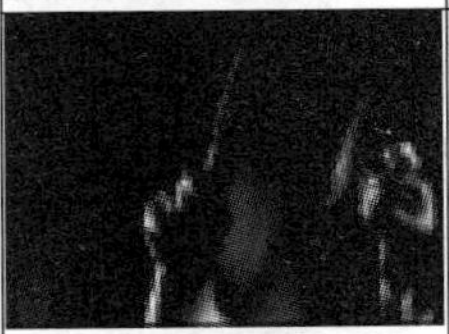	直射侧光
3	近景	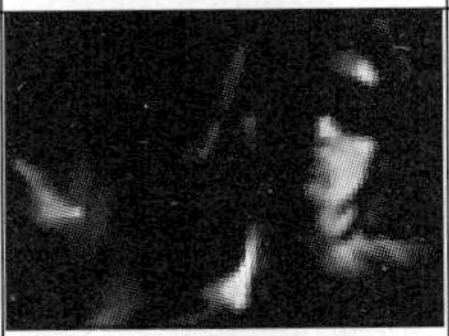	直射侧光
4	中景	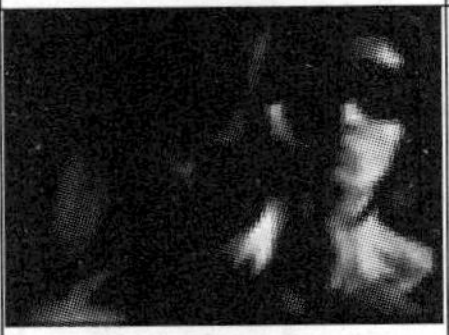	直射侧光
5	胸部特写	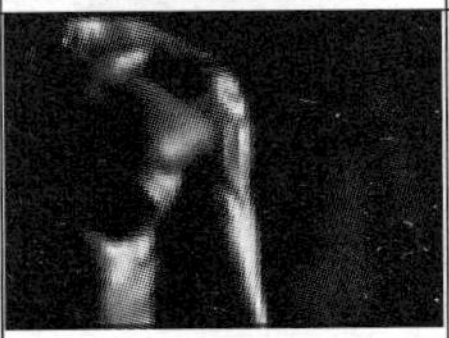	直射侧逆光
6	手特写	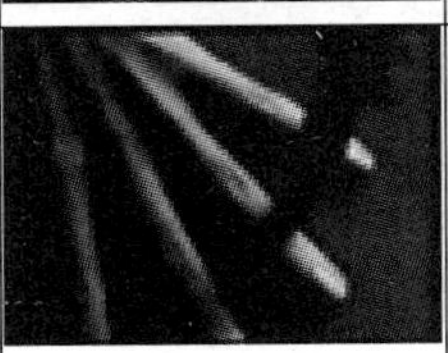	直射侧光

7	胸部特写	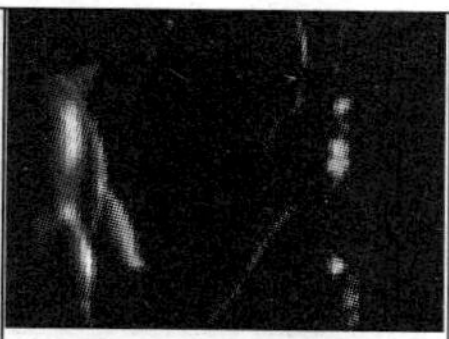	直射侧光
8	中景		
9	中景		
10	手部特写		
11	嘴特写	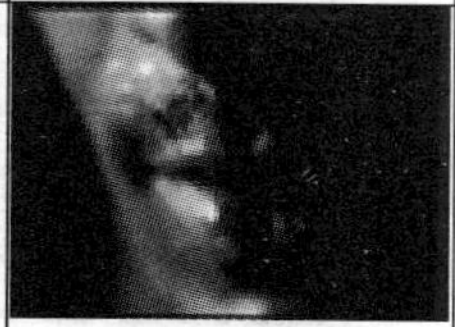	直射侧光
12	头部特写	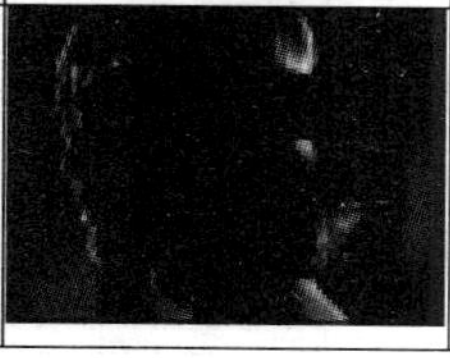	逆光

13	顶角中景	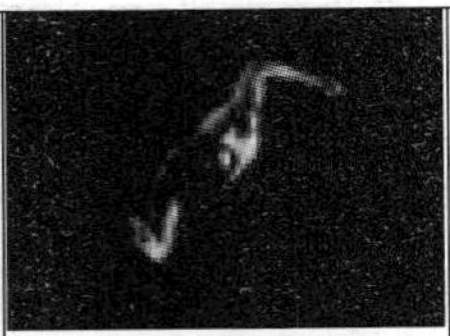	侧光
14	中景	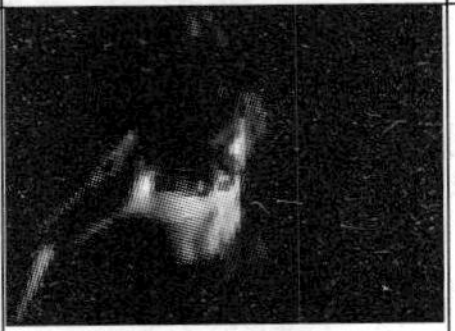	侧光
15	手特写	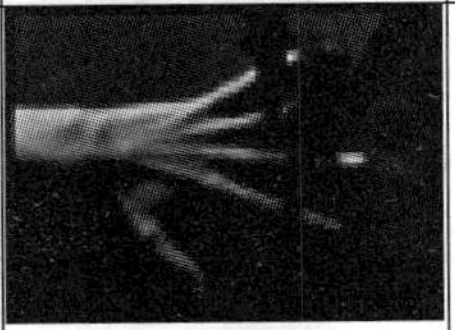	顺光
16	飞刀特写	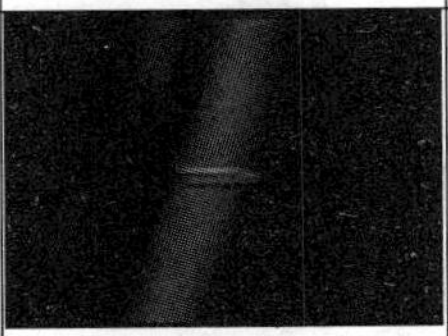	侧光
17	手特写	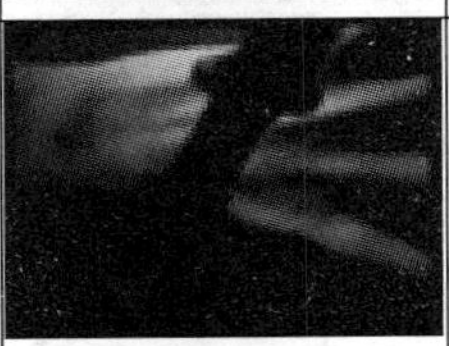	顺光
18	中景	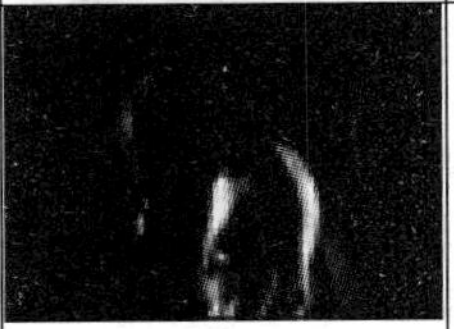	侧光

19	由手拉出，看到原来是翘起一角的复印纸贴在墙上，观众一颗悬着的心落了地，复印机的效果很逼真	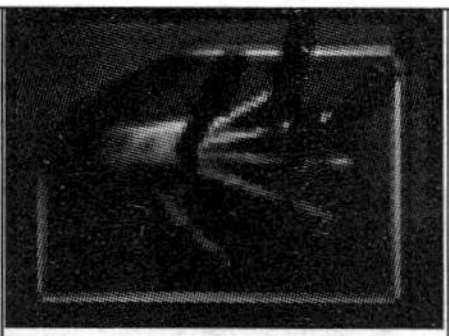	侧光拍摄手，顺光拍摄复印纸
20	复印机打印图片		侧光
21	图片特写		顺光
22	复印机品牌标志		顺光

图 8－7

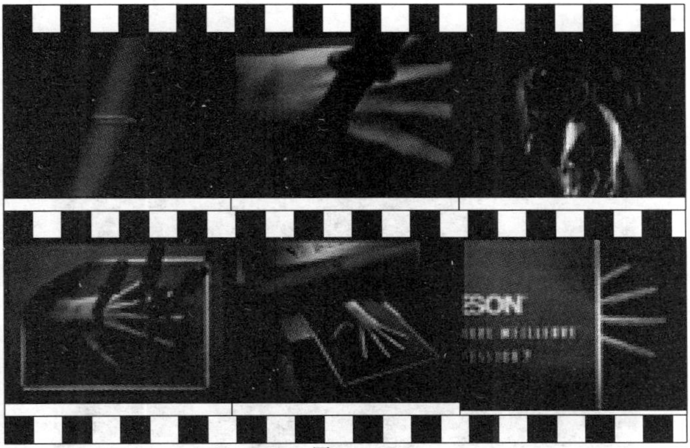

图 8-8

光线的运用有两种风格：

1. 光线的纪实性再现

在纪录片中，对光线的处理基本上是尊重生活的本来面目，如实地反映拍摄环境的光线情况。

2. 光线的戏剧性表现

是指从塑造人物形象、烘托环境气氛、揭示人物内心世界、推动剧情发展或抒发作者自己的心理情绪出发，使用特殊的光线效果来表现，比如，《最后的山神》中所使用的老萨满的剪影、《龙脊》中拍摄到的山梁上正在移动的云的投影等等都是很有情绪张力的光线形态，可以根据实际拍摄条件灵活加以运用。

总之，现代的用光越来越讲究简单、真实，很多摄影师把减少用光作为一种风格加以追求，这一点对纪录片来说尤其重要。

影像实验一：

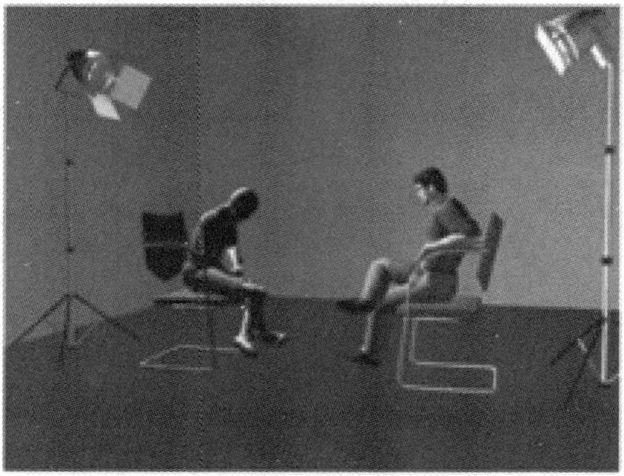

图 8－9

图 8－10

情境：新闻调查《对弑母少年的采访》中，镜头运用比较讲究，如果你是现场导演，你将选用怎样的布灯方式呢？请分析说明。

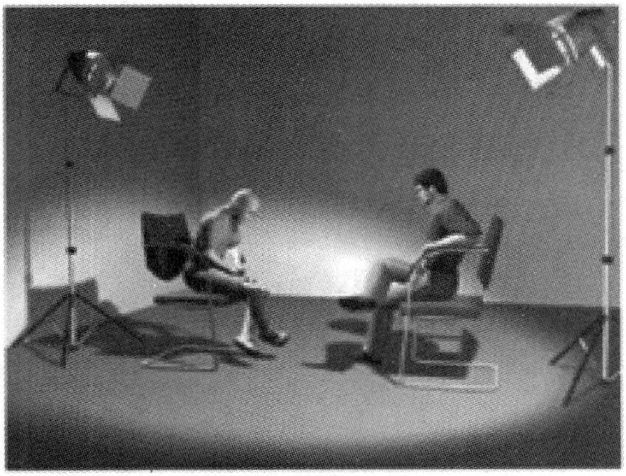

图 8－11

你所选择的答案是：

①关闭照明光源

②用遮扉控制照明角度

③遮扉全开

附录一：张艺谋拍摄《黄土地》窑洞场景的镜头选择

《黄土地》这部电影反映的是抗日战争时期，一位八路军的文艺工作者深入到国统区采风搜集民歌素材，他住在贫苦农民的家里，与他们同吃同住同劳动。片中有很多窑洞的场景，选择什么焦距的镜头来表现这种特殊的空间环境呢？最简单的方法是使用广角镜头来拍摄，可以很方便地将所有人物容纳在一个镜头中，但广角镜头的表现特点会造成环境表现的失真。为了真实地再现陕北窑洞的狭小和拥挤，张艺谋在窑洞的墙壁上挖掘出巷道，将摄影机放在巷道中就可以选择长焦距镜头拍摄，利用长焦距镜头对空间的压缩能够更真实地表现窑洞空间的局促。当然这是在故事片中可以这样运用镜头，而在电视新闻和纪录片中就应该直接选用广角镜头。

附录二：分析《茶马古道》人物采访镜头的拍摄

《茶马古道》是导演田壮壮用两年时间拍摄的一部表现茶马古道上的赶马人及沿途居民生活的一部纪录片。如果我们用一句话来概括赶马人的生活状态，最合适的就是在路上。过了几十年这种生活的赶马人最向往的就是稳定的家。所以导演在采访一位八十岁赶了一辈子马的老人时，就选择大景深的广角镜头拍摄，全景景别中我们可以充分感受到家的氛围凸显出家对赶马人的重要。

附录三：分析《茶马古道》自然光运用

在这个段落里，光线的变化具有强烈的象征色彩，画面背景中传来云南方言的祷告声，随着声音的渐大，光线由暗转亮，由线转面，反映出这种信仰对那些村民的心灵启迪。

第九章 电视新闻与纪实节目的声音

早期的电影由于技术的限制是无声的，在相当长的默片时期，从实践到理论都形成了适应无声电影的一整套经验和理论。后来随着技术的发展，声音在电影中出现了，并开始作为重要的表意元素被人们所认识和使用。

第一节 纪录片的音乐

音乐是电影中最早出现的声音元素，早在无声片时期，人们已经开始为电影配乐，但是此时的音乐只是作为影片放映时的伴奏乐，此时的音乐还不能算是电影的一种艺术创作元素。后来随着电影、电视工作者的不断探索，音乐逐渐成为一种重要的影视表意元素。

纪录片作为一种重要的影视节目，一直十分重视音乐元素的运用。早期的纪录片还处在电影的默片时期，导演就已经编配了与故事发展相吻合的音乐，一定程度上起到了烘托现场气氛和渲染人物情绪的作用，如《北方的纳奴克》中猎杀海豹一段的配乐就显得轻松诙谐，揭示出爱斯基摩人身上的乐观精神支撑着他们在严酷的自然环境中保持顽强的生命力。后来随着同期录音技术的采用，现场声音如人物同期声、现场同期音响等开始出现在纪录片中，这中间当然也包括同期记录下的音乐。今天的纪录片创作所运用的音乐概括起来有两种类型：同期音乐和后期配乐。

一、同期音乐

同期音乐是在纪录片的拍摄过程中，同步记录下现实生活中有声源的音乐，比如，被摄者正在唱歌、弹奏乐器，录音机正在播放歌曲等等，这些同步记录的音乐能增加纪录片的现场感和真实感。

采录和运用同期音乐时应注意：

1．揭示影片主题

在纪录片的制作中要有很强烈的音乐意识，大多数的音乐本身是有自己特定内涵的，被摄者在生活中对它的偏好往往有很强烈的意味，创作者应努力寻找并记录下生活中自然发生的、能够和影片主题相契合的音乐，也许对这段音乐的使用会成为整个节目的华彩段落。比如，纪录片《侯家家事》中，身患绝症的侯德山为了鼓励正在参加国庆阅兵训练的小女儿专心服役，在自己的生日上对着手机深情地唱起了自己当兵时最喜欢的歌《一棵小白杨》，歌声传到了阅兵村，受到激励的小女儿更加抖擞精神投入了训练。又比如，纪录片《Do Ra Mi》就记录了一个维吾尔族民间乐器制作人通过民族音乐和美国游客、日本留学生交流的故事，不同文化背景的人因为音乐而显得如此贴近，观众切身体验到音乐这一世界性语言的魅力。

2．反映人物内心

有人说，音乐是最具世界性的语言。也有人说，音乐是最具抽象概括力的语言。还有人说，音乐是最具情感的语言。种种的表述都证明了一点，就是音乐以触及心灵的力量建立起人与人之间的共鸣和理解。可以说，音乐在反映人物情感时具有着无可替代的作用。比如，纪录片《往事歌谣》记录了西部歌王王骆宾故地重游对如歌往事的追忆，老人的内心通过即兴而唱的一段段歌声袒露在观众面前。

3．推动情节发展

纪录片对同期音乐的使用大都是在事件发展过程中自然发生的，很少是与前后发展没有必然联系的、孤立的存在。这种与生活紧密联系的音乐段落往往能够推动情节的进一步发展，直至高潮。比如，纪录片《家在我心中》中，编导通过采访了解到这样一个细节，女儿珍藏着一份特殊的生日礼物——一卷录着父亲的来信和歌曲《牵手》的录音带，这首歌是在她生日的时候，八年未回家的父亲从东京通过上海电台为女儿点播的。怎样使用这个细节？编导设计了母女俩坐在一起听录音带的场景，随着歌曲舒缓的节奏，她们被带进了对远方亲人的深切思念中，对歌词表达的内容产生了强烈的共鸣。这种对音乐的使用已经成了故事发展不可或缺的环节。又比如，笔者在制作纪录片《半个世纪的爱》中，了解到老院士喜欢拉二胡，就请他演奏一段《二泉映月》，悠扬的乐曲激发了他老伴对往事的一段回忆，她出乎意料地对着镜头诉说了自己二十多年前身患高血压时，常常失眠，老院士每天就在病床前为她拉这个曲子，很快就使她进入了梦乡。同期音乐的使用要尽量达到这种和情节的水乳交融。

4．体现时代和地域特点

在纪录片的拍摄过程中，要发现具有时代和地域特点的民歌和民曲。比如，纪录片《龙脊》中就录下并运用了当地红瑶的民歌清唱，很好地反映了当地的淳朴民风。

二、后期配乐

后期配乐是在纪录片中以特定的音乐配合内容的叙述和主题的阐释，所配音乐可以是为节目特别创作的，也可以是已经被大家所熟悉的音乐作品。后期配乐时应注意：

1. 精心做好主题音乐和主题歌

这个要求一般是针对系列纪录片或者是大型特别节目提出的，此时的主题歌或者主题音乐往往成为贯穿整个节目的灵魂和精神纽带，而且也有助于提升整个节目的气势。好的主题歌甚至被大家广为传唱，更加扩大了节目的影响力。比如，《话说长江》的主题歌《长江之歌》就唱遍了大江南北。主题音乐运用恰当能使整个片子的音乐系统更加统一和完整，避免音乐使用的随意性所造成的信息干扰。

2. 伴随情节发展的情感宣泄

如前所述情节的发展有其自身的规律性，自开端发展至高潮，观众欣赏时的神经逐渐紧绷，高潮过后积累的情绪和情感需要得到释放，音乐恰恰是最佳的渠道。比如，纪录片《回来！罗琦》记录了摇滚歌手罗琦多舛的命运，主人公面对镜头娓娓道来，情感在自己命运的跌宕中达到了高潮，此时配上表现她心路历程的歌曲《回来》，观众和主人公产生了强烈的心理共鸣。又比如，《新中国》中表现中国第一颗原子弹爆炸成功带给举国上下的喜悦和兴奋时，使用了大型音乐舞蹈史诗《东方红》的高潮段落，使观众的情感得以抒发。再比如，笔者在制作大型历史文献纪录片《潮涌东方》时，采访了陈云副总理的秘书周太和，他含着泪水说“……‘一五计划’是全国人民上上下下勒紧裤腰带才完成的。”这番话深深地触动了我，后期编辑时我请音乐编辑创作一段蕴蓄着力量、奋斗和激情的音乐，最后的编辑效果是随着人物同期声情绪的高昂音乐渐起，画面叠映出一五计划建成的大型工业设施，音乐把观众带回了那段激情燃烧的岁月。

3. 切合节目内容的气氛渲染

画面可以通过色彩、明暗、运动等营造出与内容相吻合的特殊气氛。同样音乐本身也有着丰富的表现力，音色、旋律、节奏等等都能直接作用于人的心理，这种心理变化会直接影响到观众对画面气氛的感受。比如，美国 Discovery 频道播出的推理探案节目，画面所表现的犯罪现场被特别地营造出阴森、恐怖和神秘的气氛，此时配合的电子合成音乐也通过音色、旋律和节奏等因素的特定组合，使观众产生了更强烈的心理紧张。

4．加强动作的戏剧效果

通常情况下，纪实风格很强的纪录片导演在制作的过程中会比较排斥后期配音乐的做法，以降低创作者主观意识对节目客观性的影响。但这绝对不是僵死的规则，在不违反生活真实的前提下，巧妙地运用音乐能使生活本身所具有的戏剧因素被强化。比如，美国国家地理频道播出的节目《冰原猎人》中就有这样一段成功的音乐运用，当迁徙的驯鹿涉水过河时，猎人们驾着快艇围堵射杀，野蛮的杀戮在继续着，变调的弦乐奏出的是凄厉的嘶声，考验着观众对血腥的承受力，此时的音乐既增加了动作内在的冲突性，也含蓄地表现出创作者对这种行为的批判。

5．评判事实观点

通过引申画面的意义或者是引入对立和冲突，音乐确实能够成为编导对事实发表观点和态度的有力手段。比如，凤凰卫视播出的节目《权心权意——台湾政坛十七年》在介绍台湾选举活动时，有些滑稽的音乐极大地讽刺了政治竞选的严肃性，使观众觉得眼前看到的活动不像是大选，而更像是商场门口进行的促销活动。

6．刻画人物性格

音乐是有性格的，或欢快，或忧伤，或轻松，或凝重，多变的性格极大地影响着欣赏者的心境。同样，对音乐的不同喜好也能或多或少地反映出欣赏者的性格。纪录片配乐时，编导可以通过对不同音乐的选择来刻画人物的性格、喜好等等。比如，笔者在制作纪录片《谱写电子的乐章》时，了解到王崇禹院士有一个工作习惯喜欢边听音乐边研究微电子理论。节目开头画面，笔者用微距摄影和特技编辑模拟微电子的运动，配合具有强烈神秘色彩的电子合成音乐，既符合院士在研究时听音乐的习惯，又强化了他所从事的微电子研究的神秘性。

7．要能反映出时代特点

音乐本身具有强烈的时代性，用它来表现纪录片内容的时代特点是非常恰当的。比如，纪录片《战争家书》中就是用打上强烈时代烙印的音乐来表现不同时代的美国士兵的战争家书，旁白是南北战争时期士兵的家书，画面是当时的老照片，萦绕在观众耳边的则是美国乡村音乐，一下就把观众的思绪拉回了两百年前的美国，记叙越南战争时期的士兵家书则是西贡的街景配上六七十年代风靡美国的甲壳虫乐队演奏的乐曲。又比如，纪录片《潮涌东方》中用中国每个时代最流行的歌曲引出一个时代的大事。再比如，纪录片《毛泽东》的片头音乐选择以陕北信天游方式演唱的《东方红》，很有时代特点。

8．反映地域、民族、宗教等特点

不同的地域、民族、宗教都会影响到音乐的特点，这种特点也是纪录片配乐时所要考虑的一个方面。比如，纪录片《毛泽东》片尾曲就选择了湖南民歌《浏阳河》，表现了主人公是从湖南走出的革命领袖。

总之，在给节目配乐时，编导要和音乐编辑进行充分沟通，提出音乐创作的要求；如果没有条件为节目进行专门的音乐编配，需要用现有音乐作品配乐时，要避免对配乐的简单化处理，茫无目的地用所谓万能音乐一配到底；配乐时还要注意音乐和音响、旁白以及人物同期声的流畅衔接。

第二节 纪录片的音响

让今天的观众去看无声电影时期的经典作品，大家会有什么感觉呢？以《战舰波将金》的开篇为例，观众看到惊涛拍岸，却听不到涛声；看到水兵交谈，却听不到人声；看到仓中水兵睡觉，却听不到鼾声。最直接的感受应该是不习惯，因为缺少了现场极富魅力的声音。这种发自现场的声音就是音响。

纪录片中的音响有两种类型：现场同期音响和后期合成音响。

一、现场同期音响

现场同期音响是事件现场发出的各种声音，伴随着现场影像被同步记录下来。它不仅能够增加真实感而且还具有独特的感染力。

采录运用现场同期音响要注意：

1. 挖掘音响的内涵意义

动作意味着变化，在影视中伴随着动作而产生的声音常常被用来反映变化的结果，因而使这种声音具有了一定的内涵和意义。比如，画面中一个人向窗户投石块，接着观众听到画面外传来“哗”的一声，声音的作用使观众明白窗户被打碎了。电视新闻《代表民心的四次掌声》的成功之处就是使观众从掌声中感觉到了民心所向。

2. 发现音响的独特之处

大千世界中的万事万物都有自己独特的声音魅力，现场采录这些具有标志性的音响能够极大地丰富音响的表现力，增强节目的感染力。比如，法国纪录片《鸟的迁徙》中就有很多完美再现独特环境声音的段落，鸟鸣、水声和着翅膀的扇动声，以多样的声音和变化的层次感为我们奏出了一曲大自然的交响乐。又比如，纪录片《望长城》中拍摄了长城脚下一个学生的学校，其中的一段学生晚自习时朗诵课文的声音，夹杂着阵阵的犬吠声，展现了这所学校独特的环境氛围。

3．再现音响的空间运动

在现实生活中大家都有这样的体验，就是声音由远即近的运动感。纪录片对音响的使用要能够表现出这种空间感和运动感。比如，纪录片《鸟的迁徙》中有这样一段，画面中美洲灰雁迁徙经过美国西部印第安人居留地时落地休息，隐隐听到远方一种声音在快速地接近，灰雁警觉地抬头张望，观众此时已经能分辨出这是奔腾的马蹄声，镜头拉开看到印第安骑手赶着马从灰雁眼前飞奔而去。

4．画外音响的使用

使用画外音响可以增加悬念感和信息量。中央电视台记者童宁在日内瓦采访世贸组织谈判时，由于只允许记者在开会前进入会场拍摄，会议开始后，记者必须离开会场。童宁在离开时偷偷将无线话筒留在了会议室，然后在会场外，对着会议室大门拍摄，无线话筒则将会议进行的同期音响记录了下来，用在节目中收到了很好的效果。

从上面的描述不难看出，现场同期音响的魅力是无法抗拒的。纪录片制作者要有强烈的声音意识，才能在现场发现并记录下异彩纷呈的声音世界。但是现场采制同期音响的技术难度比较大，对工作小组人员的素质要求很高，而且有的拍摄对象和过程无法做到同期录音，这时就要通过相关的音响设备进行后期合成。

二、后期合成音响

如果说现场同期音响的运用是为了还原生活的真实，那么后期合成音响的运用更大程度上是为了艺术的真实。在纪录片中谨慎使用后期合成音响是必要的，而且确实能够增强节目的艺术感染力。后期合成音响是在特技台上完成的，很多音响效果来自于资料库中的相似音响，比如，纪录片《中国台湾问题》中讲述金门炮战这一历史事件时用了当时拍摄的新闻纪录电影，资料中打炮的画面是无声的，为了达到更好的效果，笔者用音响库中的炮声资料合成到画面中，产生了比较好的表现效果；而有些音响则是在创作者的想像中完成的，比如，澳大利亚拍摄的纪录片《植物行走》中，创作者在逐格摄影获得的植物快速生长的画面上合成了特殊的音响效果，而这种音效只可能来自于想像。

总之，现代摄录设备已经为电视记者提供了十分便利的声音采录工具，记者需要强化的仅是对声音的认识和使用。

第三节　纪录片的解说旁白

影像传播有它的优势如直观、形象、生动等，但在信息传递时也存在很多力所不及的地方，比如思想、观点等抽象的信息以及过去的新闻背景信息，都不是能够用简单的影像所能传递的，必须借助于文字的手段。解说旁白是为电视新闻和纪录片写作的、由解说员配合画面播读的文字稿。它主要诉诸人的听觉，能弥补影像信息传递的不足，并进一步揭示影像的深层内涵，提炼深化主题，同时还能够辅助段落之间的转场过渡。

一、解说旁白的运用

纪录片创作者对解说旁白的认识和运用直接影响了纪录片的

风格和样式。纪录片的解说旁白有三种形式：

1．旁观叙述式

解说旁白的最主要形式是旁观叙述，纪录片的制作者从旁观者的角度向观众讲述一个故事，故事的主角、故事发生的时间、地点以及来龙去脉都可以通过解说交代清楚。比如，纪录片《姐姐》就采用了这种叙述方式，请看解说："蕾蕾和峰峰是一对双胞胎，他们出生的时候是剖腹产，爸爸妈妈经过商量，认为女孩可以照顾男孩，蕾蕾就成了姐姐，峰峰就作了弟弟，今年他们六岁了，爸爸妈妈认为作姐姐的应该更懂事。"

旁观叙述式解说怎样反映被摄者的内心世界才能避免编导主观介入之嫌？这个问题是初做纪录片的制作者常常问到的。一般情况下可以通过间接引语方式来转述被摄者的观点和看法。

旁观叙述式解说应用广泛，适合各种题材和类型的纪录片，这种解说方式以概括准确和叙述客观见长，特别适合在科学探索、人文地理以及文献历史纪录片中运用。比如，纪录片《鸟的迁徙》开篇就以科学的态度和诗意的语言告诉观众鸟为什么要迁徙。请看解说："鸟类迁徙是一个关于承诺的故事——归来的承诺。历经危机重重的数千里旅程，只为一个目的——生存。候鸟的迁徙是一场生命的搏斗。"

2．主观自述式

主观自述式旁白是从创作者或被摄者的主观视角展开的叙述。比如，制作者以日记或游记的形式讲述自己的所见、所闻、所感，安徽电视台制作的《小岗一日》就是以记者的见闻录形式创作的解说。又比如，2003 年奥斯卡最佳长纪录片《科伦拜恩的保龄球》就是编导以美国来复枪协会的会员身份对美国枪支泛滥成灾的深刻的社会历史原因展开的调查，旁白是以编导自述的方式完成的。

主观自述式旁白因为叙述方式的特殊性，其所适用的纪录片题材和类型受到了很大的局限，它最适合的题材是人物纪录片。过去采用被摄者主观自述式旁白的纪录片因为风格另类常常不被认可，但今天这种样式的纪录片开始受到观众的喜爱。比如，纪录片《神鹿，我们的神鹿》就是通过被摄者柳芭的旁白讲述自己家族三代女人的命运。

主观自述式旁白允许有很多内心感悟的东西，但是在运用时编导要注意防止被摄者在镜头前作秀。

3. 无旁白

初入门的纪录片制作者可能会问，仅仅通过影像能否讲述一个故事？答案是肯定的。很多纪录片编导用他们的经验和作品告诉我们，纪录片不需要旁白也能进行完整的叙事。这种无旁白、纯粹以影像方式讲述的故事以其对生活本身的最大尊重而彰显其独特的魅力。比如，《影人》就是一个典型的无旁白纪录片，全片以生活本身的起承转合完成叙事的，惟一的人物背景交待是以字幕形式完成的。

二、解说旁白的写作

纪录片解说旁白的写作是一个充满创造性的思维过程，这个思维过程是和纪录片的策划、现场采摄和后期编辑过程相互交织在一起的。

在纪录片的前期策划阶段，制作者会有一个文稿，这个文稿有时会比最后的解说旁白更详细，有时仅仅是一个大纲性的东西。进入现场采摄阶段，编导会根据实际情况对这个文稿进行调整，这个调整可能是微调也可能是颠覆性的。到了后期编辑阶段，撰稿或编导会根据实际采访获得的素材对最初的文稿进行进一步修改，形成一个编辑稿，然后开始进入粗剪阶段，粗剪过程中要根据节目的主题表达需要、素材情况和节目时间等因素修改编辑稿的内容并遣词造句，最后形成完整的解说旁白。

写作旁白要注意：

1．电视写作的特点

影视的信息传递是由影像和解说旁白共同承担的，运用解说旁白是为了减少影像信息的不确定性，解说旁白是影像信息的重要补充和强调而绝不是影像的简单注释和重复。比如，《周恩来外交风云》谈到周恩来总理访问斯里兰卡参加一个群众集会的情节，画面中我们看到集会期间突降大雨，周总理谢绝了工作人员递过来的雨伞，此时解说没有简单重复画面内容，而是强调了周总理的举止赢得了斯里兰卡群众的好感和信赖，第二天中斯两国建交了。

2．画面细节的内涵

生活中的动作发生常常是有原因和背景的，有时这些原因和背景影像没有记录下来，如果不做交待观众无法真正理解这个动作的意义。比如，《周恩来外交风云》中，观众在画面中看到还没走下飞机旋梯的尼克松已经向周恩来伸出手，如果解说没有引用尼克松回忆录中的话来交待背景，相信大家不会对这个细节有更多的关注。影像传播的特点决定了观众对新闻事件的理解常常流于表面化，为了使观众看到事实背后的深层含义，经常利用解说加以揭示，引导观众对事物本质认识。比如，一些普普通通的事物因为和人的特殊联系而显得非同寻常，此时必须有相应的解说介绍出这层联系。纪录片《家在我心中》的男主人公把自己的日记本送给女儿作礼物，如果拍摄送的过程会显得很做作，此时只需拍摄日记本的特写，一句简单的旁白就点出日记本的分量了，请看“珍藏了多年的日记本，父亲送给女儿的惟一礼物”。

3．语言的平实客观

客观叙述式的解说旁白应尽量使用平实客观的语言，减少节目的主观色彩，尊重观众的判断。一些思想、观点和评价可以采用人物同期声采访的方式传达给观众。请看《权心权意——台湾政坛十七年》。

4．语言的形象生动

电视从根本上来说还是以视觉传递信息为主，解说旁白作为影像信息的重要补充，很多时候也要考虑语言的视觉性表达，使观众能够产生形象化的联想，使节目更加生动。请看《胖连长和他的连队》中一段人物的旁白，“在这个军营大院里要找一个叫许文峰的人非常容易，爱打听的只要提到要找那个胖连长，都知道是许文峰。不愿意问的也可以自个瞧，那个身高一米六一，体重一百六十一斤，腰围和裤长都是二尺九的便是其人喽”。

5．语言的口语化

解说旁白是为听觉而写作的，加之电视线性播出的特点，提出口语化的要求是非常必要的。电视的解说旁白应尽量少用或不用长句和复杂句式，以免造成观众的理解障碍。

6．适当地留白

在编辑阶段，对解说旁白的修改很重要的一项是考虑为音乐和音响适当地留白，既给观众的欣赏留下喘息的机会，也使音乐、音响和解说旁白的衔接更加流畅、自然。

最后，我们要强调的是：作为视听艺术的电视，其表意系统是由视觉符号和听觉符号共同构成的，检验视听构成优劣的标准就是看能否产生“1+1＞2”的整体传播效果。

走进电视的十个瞬间（代后记）

2003年11月，梅地亚。在中央电视台《走进电视》的策划会上，我偶然碰到了王铮，这个将《艺术人生》经营得有声有色的老同学见了面就开始感慨岁月的流逝，屈指一算相识已经十年有余。十年前的那个春天，心情忐忑的我第一次进京参加电视系的研究生复试，在考场外认识了也在准备复试的王铮。十年，我心里反复默念着这个数字走出了梅地亚，天空飘起了雪花，雪花很大，像鹅毛，这是2003年的第一场雪。

望着漫天飞舞的雪花，我的思绪回到了十年前。1993年郑州的冬天多雪，那年的研究生入学考试是在郑州纺织工学院进行的。顶着大雪，我骑着自行车一路跌撞着赶到了考场，顺利完成了两天的考试，但最后的综合考试将我这个跨专业报考广播学院的考生拦在了电视的大门之外。又经过一年的努力，我终于成为北京广播学院电视系九四级的研究生，从此走进电视。

入门不易，修行更难。1995年春节刚过，钟大年老师就带着九三级的几位研究生为北京电视台拍摄系列纪录片《中国母亲》。扛摄像机时间加起来不超过两个小时的我就和宫兆波合作了自己的第一部纪录片《心中的母亲》。多少个夜晚，狭小的研究生宿舍里洋溢着电视的激情，两个初入行的电视人常常是一瓶燕京、一包榨菜，讨论到深夜，商量着第二天的拍摄计划。整整一个学期，我们在交织着失败、不信任到相互鼓励的氛围中坚持着。坚持是对每个电视人的基本要求。

我的导师叶子教授告诉我，走进电视的捷径是从摄像做起。1995年的夏天，北京酷热。暑假一开始我就到刚刚开播的《新闻30分》拍起了新闻。实习结束时，摄像组长看着我拍的新闻说，你应该去拍纪录片。没错，这也是我想干的。

巧的是当时北京有线台要开办一个纪录片栏目，我和制片人张治在新街口的一幢简易的二层小楼里一见如故地聊起了纪录片，大家都铆足了劲要好好地拍几个片子，经过商量把栏目的名字定为《第三只眼》。我们做的第一个片子《上大学》，讲述一个农村孩子考上北京大学后，一家人为他筹集学费的故事。审片的时候出现了戏剧性的一幕，北京有线电视台的几个领导看了片子都感动地流了泪。然而节目播出后不久，一些观众来电话批评这个片子做得粗糙，显得很业余。此时，我感到困惑了，纪录片的“毛边感”，真的能为观众接受吗？

对摄影的喜爱从中学就开始了。当时中央电视台播出了一个系列教学节目《学摄影》，主讲老师是朱羽君教授，生动的讲授一下子激发了我对摄影的爱好，当时就想我要是能够成为朱老师的学生就好了，十年后这个愿望终于成为了现实。1995 年下半年的每周三上午东配楼三层那个小教室里，都会拥挤着电视系的九个研究生，聆听朱老师的“电视纪实语言”。更加没有想到的是，课程结束后我就作为摄影师为朱老师拍摄了她的第三部电视教学片《音乐电视赏析》，一部部画面精美的音乐电视作品使我知道了什么是专业的电视。

《音乐电视赏析》的导演是我的师兄郑浩，他是一个很专业的电视人。电视的各种类型，纪录片、广告、音乐电视、电视剧没有他不精通的。作他的摄影师四年，我拍摄了几十部音乐电视作品，学到了怎样做专业的电视。当然我心里明白，自己还是要做纪录片，而且是专业的纪录片。

1996 年 5 月，广院视听中心的阶梯教室里挤满了学生，王纪言院长在这里为同学们做了一个告别演说，直到今天我还能清晰地记得自己当时那种强烈的冲动——马上扛起摄像机冲向新闻事件发生的现场。八年后的四月八号，一个人在香港树仁学院的教师宿舍里，看着凤凰八周年的特别节目，我又一次产生了那种冲动。

2003年10月，帕米尔高原海拔5200米的冰大板上，中央电视台人事部的杨一龙处长和吴毅、中央电视台西部频道总监童宁、中央新闻纪录电影制片厂总编傅红星和我，五个人一步一喘地向穆士塔葛峰艰难攀登。登上一道山脊，回首远望，在一片喘息声中，有人说，在自然面前人是多么渺小啊。有人补充道，人也是伟大的。我在想，人是纪录片的永恒主题。

2004年7月的一个下午，我接到了中国教育电视台陈宏主任的电话，希望我能够做一个教师节特别节目。策划会上，康宁台长指示特别节目要通过讲述人物故事，反映教育改革发展的轨迹。那么这个故事由谁来讲述呢？经过讨论确定了教师自述的形式，陈主任突发灵感将片名定为《师说》。十多天的采访制作又一次印证了纪录片大师的观点：每个人都有一个故事。

在书的最后我要说，纪录片的摄影师就是现场的编导。

衷心感谢我的导师叶子教授，朱羽君教授和电视系所有教育培养过我的老师王纪言教授，任金州教授，钟大年教授，叶家铮教授，任远教授，李兴国教授，毕根辉教授，刘书亮教授，彭淑碧老师以及所有关心支持过我的老师。

衷心感谢新闻传播学院曹璐、丁俊杰院长和雷跃捷副院长，在他们的支持和鼓励下我在北京广播学院第二届教师教学基本功大赛上获得了二等奖，制作的远程教育课件《新闻摄影与摄像》被学校评为优秀课件。

谨以此书献给我的母亲雷惠英女士，纪念我的父亲刘世馨先生，感谢始终关心支持我的哥哥刘达先生，姐姐刘红女士。

刘坚

2004年10月

图书在版编目（CIP）数据

电视节目编导教程/刘坚著．—北京：中国传媒大学出版社，2004.9
（2014.12 重印）
ISBN 978—7—81085—405—4
Ⅰ．电…　Ⅱ．刘…　Ⅲ．电视节目—制作—高等学校—教材
Ⅳ．G222.3

中国版本图书馆 CIP 数据核字（2004）第 099791 号

电视节目编导教程

作　　者：刘　坚
责任编辑：范晓晶　吴三军
责任印制：曹　辉
封面设计：任名书装　吴海志
出 版 人：蔡　翔

出版发行：中国传媒大学出版社（原北京广播学院出版社）
社　　址：北京市朝阳区定福庄东街 1 号　　邮编：100024
电　　话：010—65450532 或 65450528　　传真：010—65779405
网　　址：http：//www. cucp. com. cn
经　　销：新华书店
印　　刷：北京泽宇印刷有限公司

开　　本：850×1168　　1/32
印　　张：7.875
版　　次：2004 年 10 月第 1 版　2014 年12月第11次印刷

ISBN 978—7—81085—405—4/K・405　　定价：18.00 元